痛快！コンピュータ学

坂村　健

集英社文庫

CONTENTS

痛快！コンピュータ学

●

目次

● 新しき「コンピュータ学の世界」へ！—— 9

第1章 ● コンピュータ学へ、ようこそ —— 13

私たちはコンピュータなくしては生きていけない／
コンピュータが世界を支えている／
私たちはコンピュータに囲まれている／
そもそもコンピュータとは何だろう／
コンピュータは「万能」か？／
なぜ、コンピュータはむずかしい？／
コンピュータは「総合芸術」だ／英語の壁／
コンピュータとどうつき合うか／ワインとコンピュータ／
なぜ、アメリカはコンピュータ大国になれたのか／
あと10年でパソコンは滅びる？／「どこでもコンピュータ」／
コンピュータ学へ、ようこそ

第2章 ● 20世紀を変えた情報理論 —— 49

なぜ"計算機"がコンピュータになったのか／
情報化時代を作った男クロード・シャノン／
「情報の科学」の誕生／情報は物理学を超えた存在だ！／
情報の「コード化」／コードに換えれば楽になる！／
モールス符号はコード化のお手本だ／
情報の原子「ビット」／デジタルとアナログ／
なぜ、デジタル情報のほうが便利なのか／
生命もデジタルだ！／
情報理論で、コンピュータは変身した／
コンピュータは「不器用な機械」だ／
情報処理って何だろう／情報は集まるとパワーになる！／
通信革命もコンピュータが作った／
コンピュータ、情報なければ「ただの箱」

第3章 ● 戦争がコンピュータを作った —— 93

なぜ、機械式計算機は「失敗」した？／
コンピュータは戦争の申し子だった／

冷戦がインターネットを作った／真空管コンピュータ／
コンピュータ発明者はいったい誰か／
「20世紀のダヴィンチ」ノイマン／不幸な２人の物語

第4章 ● 0と1のマジック・ブール代数 ——119

「ブール代数」でコンピュータはブレイクした／
思考を数学に変えた男ジョージ・ブール／
コンピュータは３つの「部品」でできている／
２進数の三種の神器AND, OR, NOT／
足し算回路を作ってみよう／コンピュータって単純だ！／
論理回路の素・リレー／リレーで論理回路を作ってみよう／
「スーパー・リレー」トランジスタの登場／シンプル・イズ・ベスト

第5章 ● プログラム コンピュータとの会話術 ——147

ハードウェアとソフトウェア／
電卓とコンピュータの大きな違い／
最初のコンピュータは「電卓」だった／
コンピュータは「機械語」しか分からない／高級言語／
なぜ、プログラミングはむずかしい／CPUを解剖する／
プログラムは、どうやって動くのか／
足し算１つに20の手間！／プログラムの鍵・アルゴリズム／
アルゴリズムに「正解」なし／クイック・ソート／
プログラムと小説の類似点／
プログラマーに求められる資質とは

第6章 ● 世界を変えた小さな「石」 ——185

ノイマンの遺産／天才すら予測できなかった「未来」／
超コンピュータHAL9000／巨人を倒した小さな「石」／
IBMを作った男／「ビッグ・ブルー」／
ユーザーを囲いこむメーカー戦略／
メイン・フレームとスーパー・コンピュータ／
トランジスタ誕生／写真とICの意外な関係／
コンピュータ界の「コロンブスの卵」／
マイクロ・プロセッサを産んだ電卓戦争／
パーソナル革命の始まり／巨人IBMの誤算

第7章 マシンと人間の架け橋「OS」 —— 221

ソフトの裏方／キーボードは健康の敵!?／
デファクト・スタンダードとは何か／
OSはコンピュータの操作性を決める／
初心者にやさしいGUI／
「仕事」の概念を変えたマッキントッシュ／
パソコン革命の予言者／
マッキントッシュのお手本「ALTO」／
バッチ処理とタイム・シェアリング／UNIX誕生／
なぜ、Linuxが注目されるのか／
「マイクロソフト帝国」への反乱／
なぜ、マイクロソフトは巨大企業になれたのか

第8章 インターネットは「信頼の輪」 —— 255

集中から分散へ／
ネットワークはなぜ生まれたか／
パソコン通信は「閉じたネットワーク」／
電話でなぜデータ通信ができるのか／
「核の恐怖」がインターネットを作った／
「国策」から生まれたインターネット／
インターネットは存在しない!?／
インターネットと電話の共通点／
電子メールは伝言ゲーム／
ゴルゴ13はインターネットの達人?／
インターネットは公共道路／「クモの巣」が世界を覆う／
WWWがインターネットを普及させた／インターネットと戦争

第9章 電脳社会の落とし穴 —— 289

狙われるインターネット／ハッカーとクラッカー／
コンピュータ・ウイルス／自己増殖する「ワーム」／
なぜ「ワーム」被害は急増したか／
プライバシーを守る暗号技術／
「公開鍵」暗号／「究極の暗号」はあるのか／
インターネット「常識のウソ」／
「情報を制する者が世界を制する」／
文化を無視したコンピュータの国際規格／

TRONプロジェクトはなぜ生まれたか／
コンピュータ業界の「暗黒面」／
なぜ、アメリカにベンチャーが多いのか／
世界に誇るべき「ニンテンドー」／
日本が尊敬される国になるために

第10章 ● コンピュータよ どこに行く？ ——— 325

技術発展をはばむ「物理学の壁」／
21世紀、技術革新が起きない理由／
「ディープ・ブルー」に知能はあるのか／
コンピュータは探偵になれるか／
人工知能研究が「失敗」した理由／
自動翻訳機が誕生する日／「技術から使い方へ」／
電子商取引が経済を変える／「大競争時代」が始まった／
ネットワーク化の思わぬ「敵」／
難問解決の切り札CALS／企業の形が変わる／
「どこでもコンピュータ」とは何か／電脳住宅／
ネットワークが都市と地方の対立を消す／
誰でも使えるコンピュータよ現われろ！／
イネーブル・ウェア／デジタル・ミュージアムとは／
「知識共有の時代」が始まる／
コンピュータの未来はあなたが決める

● 文庫版あとがき ——— 366

● 語注 ——— 370

写真提供(順不同)
AP/WWP PPS通信社
財団法人 武田計測先端知財団

新しき「コンピュータ学の世界」へ！

　坂村さんが大学で教えているコンピュータ科学の講義をレベルを下げずに、しかも面白く、分かりやすい本にしてみませんか——集英社インターナショナルの島地勝彦さんの「無茶な注文」に乗せられ、この『痛快！ コンピュータ学』は生まれました。

　一口にコンピュータ学と言っても、その内容は多岐にわたっています。電気工学、数学、論理学、半導体工学をはじめ、インターネットを支える通信技術、さらには脳科学までが関係してくるのがコンピュータ学です。ですから大学の基礎コースでもコンピュータ学は2年がかりでやるのが普通だし、それでも最後のほうは駆け足になってしまいがちです。

　そんなコンピュータ科学の内容を一般向けに、しかも1冊の本にまとめようというわけですから、これは「無茶な注文」以外の何物でもありません。その証拠に、世界中を探したって、そのような本はこれまで作られたためしはありません。もちろん、日本でもそんな本は出ていません。

　この前代未聞の企てについ私が乗ってしまったのは、もちろん島地さんの口説き方が上手だったことが大きく関係しているわけですが、それとは別に大きな理由がありました。それは、今、コンピュータの世界で大きな変化が起きようとし

ているという事実です。

　ご承知のとおり、コンピュータは発明からわずか半世紀の間に、爆発的に進化をとげ、世界のあり方さえも変えてしまいました。冷戦が終わり、現代の経済がグローバル化・ボーダレス化に向かっていることと、コンピュータによる情報化とは切っても切れない関係にあります。コンピュータの発明は「20世紀最大の事件」であったということができます。

　しかし、「コンピュータ革命」は実はこれからが本番なのです。今後、私たちが迎える変化と比べれば、この半世紀の激動はほんの序曲にすぎないと言ってもいいほどです。

　それでは、いったいどのようなことが今後、起きるのか——その詳細は本文に譲りますが、ごく分かりやすいところで言えば「パソコンが消える」というのも、その一つです。

　そんな馬鹿な、と思われるかもしれません。たしかに、今、パソコンはインターネット・ブームの後押しを受けて、世界中で猛烈な勢いで売れています。日本でも1年間に出荷されるパソコンの台数は約1400万台と言われ、家庭の普及率も40.5パーセント近く（いずれも2000年度）に達しています。台数だけで比較すれば、パソコンは乗用車の倍近く売れています。書店ではたくさんのパソコン雑誌や入門書が並んでいます。まさにパソコンはわが世の春を謳歌しているわけです。

　しかし、こうした状況は今後あっという間に変わり、パソコンは表舞台から下りるだろうと見られています。企業など、ビジネスの現場ではパソコンは残るかもしれません。しかし、私たちの日常生活の中からパソコンの姿は消えていくことになるでしょう。

　では、なぜパソコンは消えていくのか——その理由は簡単です。パソコンはあまりにもむずかしい。だから、なのです。

あなたはマイカーを運転するときに、その自動車の「解説書」を本屋さんに行って買いますか？　電子レンジで冷凍食品を解凍するときに、毎回マニュアルを開きますか？　もちろん、そんなことはないでしょう。もし、そんなに面倒な商品だったら、最初から買わないはずです。

　ところが、パソコンでは、そんな非常識なことが常識としてまかり通っています。はじめてパソコンを買った人はみんなぶ厚いマニュアルに悩まされ、ソフトのガイドブックまで買うはめになります。こんな不便な商品が約1400万台も売れているというのはどう見てもおかしな話ですし、パソコンがすべての家庭に普及するとはとても思えません。

　こうした状況を受けて、今、新しいタイプのコンピュータ商品がぞくぞくと開発されつつあります。パソコンのように多機能を売り物にするのではなく、機能を絞って使いやすくし、しかも簡単に扱えるコンピュータの登場です。また、単体として売り出されるのではなく、テレビやビデオ、電子レンジといった製品に組みこまれたものも現われてくるでしょう。私たちの知っている「コンピュータ」は確実に過去のものになっていくのです。

　断わっておきますが、これはけっして「未来の夢物語」ではありません。ポスト・パソコン時代はすでにカウント・ダウンに入っているのです。今後数年のうちにその動きは誰の目にも明らかになっていくはずです。

　さて、そうした時代になったとき、私たちに求められる「コンピュータ知識」とはどんなものになっていくでしょう。その答えは言うまでもありません。今までのように、むずかしいパソコンの操作方法を知っていることが自慢になり、評価される時代は終わりを迎えます。コンピュータが「人に優

しい機械」になれば、そんな小手先の知識は無用になってくるのです。
　しかし、だからといって「コンピュータの知識なんてまったく不要だ」ということになるかといえば、それは違うのではないでしょうか。コンピュータがもっと身近なものになればなるほど、問われてくるのが、本質につながる理解であり、知識だと思うのです。高度な情報化社会を、主体的に生きていくためには、コンピュータやインターネットの「基礎知識」が何よりも大事になってくるはずです。私が世界ではじめての「コンピュータ学入門書」にチャレンジしてみようと決心したのは、こうした思いがあったからです。
　情報化やインターネットの普及から見れば、不況に苦しむ日本は好景気のアメリカから遠く引き離されているのが現状です。この差を埋めるにはどうしたらいいか——それには、もちろん政府の旗振りも大事ですが、それ以上に必要なのは、コンピュータやインターネットに対する理解がもっと深まることではないかと信じます。本書は、そのための私なりの試みです。この試みが少しでも成功し、みなさんにとってコンピュータがいっそう身近なものになることを願ってやみません。

　　　　　　　　　　　　　　　　　　　　　　坂村　健

●文中アンダーラインの語注は、巻末にまとめてあります。

第 1 章

コンピュータ学へ、ようこそ

私たちの生活になくてはならないコンピュータ。
ところがコンピュータほど、
分かりにくい道具はありません。
なぜ、コンピュータはむずかしいのか——
その最大の理由は、
コンピュータが「無色透明」な点にあるのです。

私たちはコンピュータなくしては生きていけない

　現代の私たちはコンピュータに囲まれて暮らしています。そしてコンピュータの助けなくしては1日たりとも暮らしていくことはできません。

　たとえば、あなたが今、手に取って読んでいるこの本も、その例外ではありません。この『痛快！ コンピュータ学』が印刷・製本され、書店の店頭に並び、そしてあなたの元に届くのでも、何台ものコンピュータが裏方として働いているのです。

　あなたが本の代金をレジで払ったとき、店員さんが裏表紙のバーコードを機械で「ピッ」と読みこんだことを覚えておられるでしょう。縦縞模様(たてじま)のバーコードの中には、本の識別番号（ＩＳＢＮコード）、定価などが隠されています。それを機械で読んで、自動的にレジを打ちこむわけですが、こうした作業もコンピュータがあってはじめて可能になったことです。

　また本の編集や印刷でも、コンピュータは活用されています。たとえば、文章の文字を並べるのでも、かつては鉛(なまり)で作った活字を専門の職人さん（植字工(しょくじこう)、と言いました）が手で並べていました。ですから、文章を組みあげるのも、またその文章を手直し(い)するのも大変な手間が要ったものです。しかし、今ではコンピュータが導入され、文字を並べるのも、またそれを修正するのも簡単に行なえます。

　とはいっても、コンピュータが出現する前から本や雑誌は作られていましたし、バーコード読みとり機やレジスターが

作られる以前から本屋さんは町にありました。しかし、コンピュータ以前は同じことをやるのでも大変な手間がかかっていたのです。

本屋さんの話で言えば、レジスターが誕生する前までは買った本の代金はソロバンや暗算で計算するしかありませんでした。ですから、当然のことながら、1日の売り上げ合計がいくらだったかは、店が終わってから、いちいちお金を金庫から取り出して、その額を毎日勘定（かんじょう）する以外に知る方法はありませんでした。1円でも間違えるわけにはいかないので、これは実に神経を使う仕事でした。また、店先に並んでいた本が売り切れれば手で注文伝票を書き、それを「取次」（とりつぎ）と呼ばれる本の卸屋（おろしや）さんに届けなければならなかったのです。これもまた、大いに手間のかかる仕事でした。ですから、本が読者の手元に届くには、恐ろしいほどの労力と日数が必要だったのです。

ところがコンピュータの出現によって、こうした面倒な作業がボタン1つでできるようになりました。現在、日本国内で1年間に流通する本や雑誌の数はおよそ60億冊と言われていますが、これほどの数の出版物を読者の手元に届けるには、コンピュータの助けなくしてはありえないのです。

コンピュータが世界を
支えている

コンピュータがなければ、現代の私たちが1日たりとも暮らしてはいけないという話をもう少し続けてみましょう。

資本主義の世の中で、私たちが日常生活を送るためになく

てはならないのが、現金です。バスに乗る、ジュースを飲む、外食をする、洋服を買う……こうしたことをするには、いつも財布やポケットの中に現金を入れて、持ち歩かねばならないわけですが、生活に必要なお金をいつも手元に置いておくというのが、コンピュータ以前は実は大変だったのです。

今の日本では、もし手持ちのお金が足らなくなれば、キャッシュカードを持って銀行に行き、現金自動引き落とし機（ATM）から預金を引き出せば済みます。ですから、たとえ旅行中であっても、現金の持ち合わせがなくて慌てることはなくなりました。しかも、最近では24時間営業のATMも増えましたから、繁華街で遊びすぎて、帰りの電車賃やタクシー代が足りなくなっても困ることはありません。

ところが、こうしたことは実は数十年前の日本では考えられない話だったのです。

コンピュータによるオンライン化が行なわれる前、銀行で自分の預金を引き出すのはひと仕事でした。今ではキャッシュカード1枚で済むところを、わざわざ預金通帳と印鑑を持っていき、銀行の窓口に並ばなければなりませんでした。しかも、預金を引き出せる時間帯は朝の9時から午後3時まで、そして引き出すことができるのは自分の口座がある支店だけで、同じ銀行であっても別の支店では引き出せなかったのです。ですから、ひとり暮らしのサラリーマンが自分の預金を下ろそうと思えば、会社を休む（！）ぐらいの覚悟が必要だったわけです。旅先で現金を使いすぎてしまえば、これはもう「万事休す」でした。

現金を下ろすのに、これだけの手間が必要だった時代が、つい30年ほど前にあったことなど、今の若い読者には信じられないことでしょう。しかし、これは日本に限ったことでは

なく、ほんの数十年前の世界では当たり前のこととされていたのです。それが劇的に変化をし、今や世界中で自分の口座から預金を引き下ろせるようになったのは、ひとえにコンピュータのおかげです。預金情報がコンピュータで一元管理され、そして、その情報が通信でやりとりされることで、どこにいても預金の残高が一瞬にして調べられるようになりました。そのおかげで気軽に自分のお金を引き出すことが可能になったのです。コンピュータは現代の資本主義社会を支えていると言っても過言ではありません。

私たちはコンピュータに囲まれている

　あとでゆっくりお話をしますが、世界ではじめてコンピュータが誕生したのは1946年のことです。つまり、まだ半世紀しか経っていないわけですが、今やコンピュータは生活のいたるところに使われるようになりました。これほどまでに爆発的に普及した発明は、人類の歴史上１つもありません。

　この本を読む人の中には「私はコンピュータが苦手で、ワープロ１つ打てない」という方もあるかもしれません。「これまでコンピュータと無縁の生活をしていたけれども、この本で少し勉強したい」と思っている人も少なくないはずです。

　しかし、そのような人であっても、実はコンピュータをすでにいくつも持っていて、使いこなしているのです。

　ひとくちにコンピュータと言っても、その形や使われ方は千差万別です。一般的なコンピュータのイメージといえば、文字を打ちこむキーボードがあって、情報を表示するディ

第1章

スプレイがあって、その真ん中にフロッピー・ディスクや<u>CD-ROM</u>を差しこむ**本体**があるというものですが、そのような「分かりやすい」コンピュータは実は全体の一部でしかありません。

　たとえば、あなたの家にはテレビや洗濯機、冷蔵庫があるでしょう。そうした家電製品の中には必ずと言っていいほど、コンピュータが組みこまれています。あなたが何の気なしに触(さわ)っているビデオのリモコンの中にも、コンピュータはしこまれています。エアコンの中にあるコンピュータは室内の気温を絶えずチェックし、温度が高すぎるようであれば空気を冷やし、逆に低すぎるようであれば、空気を暖めています。また、炊飯器の中にあるコンピュータは、ご飯釜の温度をモニターして、おいしい炊(た)きあがりになるよう細かに火力を調整しているのです。

　さらに言えば、急速に普及した携帯電話にも、コンピュータが重要な機能を果たしています。もちろんゲーム・マシンも立派なコンピュータです。

　自動車などは、さながらコンピュータの集合体です。エンジンにガソリンを送りこむ装置にもコンピュータが使われていますし、ダッシュボードの表示にもコンピュータが働いています。また音楽やラジオを聴くカーコンポーネント、カーエアコンの中にもそれぞれコンピュータがあります。最近、急速に普及している自動車用品に「カーナビ」がありますが、カーナビゲーションのシステムなどは、かなり高級な部類に属するコンピュータなのです。

　手元に正確な統計がないのが残念ですが、一般的な日本の家庭にあるコンピュータ（マイクロプロセッサ）の数は軽く20や30に達するでしょう。まさに私たちはコンピュータに囲

まれて生きているのです。そして、このコンピュータたちがもし一斉に沈黙してしまえば、どこかに出かけることも、食事をすることもできなくなってしまうのです。

現代の日本で、まったくコンピュータに触れないで暮らすことなど、もはや不可能といってもいいでしょう。知らず知らずの間にあなたはコンピュータを使いこなしているというわけです。

そもそもコンピュータとは何だろう

ここまで見てきたようにコンピュータは発明から半世紀もしないうちに私たちの社会や生活を完全に変えてしまいました。これほどまでに成功した発明品というのは、人類史上ほとんど例がありません。コンピュータの発明は、グーテンベルクの活版印刷術（15世紀）以来の事件だと言う人もあるくらいです。たしかに、人類の「知」に対する影響力を考えた場合、この指摘は当たっているかもしれません。

たとえば19世紀に現われた自動車も、たしかに文明を大きく変えました。自動車の発達と普及、すなわちモータリゼーションは世界の産業や経済に大きなインパクトを与えました。しかし、その自動車もコンピュータの爆発的成功に比べれば霞んでしまうのではないでしょうか。何しろ、コンピュータは経済や産業ばかりではなく、テレビゲームという形で子どもの遊び方までを変えてしまいましたし、またコンピュータ・テクノロジーの応用は医療や学問研究の現場にまで及んでいます。コンピュータは史上空前の大発明であると言って

も大げさではないでしょう。

それにしても、わずか半世紀でコンピュータがここまで普及した理由はどこにあるのでしょう。

それはコンピュータが「無色透明な道具」であるからです。

同じコンピュータが、あるときは計算機として使われ、またあるときにはゲーム・マシンにもなる。またビデオのリモコンにも使えるし、携帯電話に利用することもできます。1つのコンピュータ・チップでいろんな用途に使うことが可能です。

このように何にでも使える道具というのは、およそ他に例がありません。カナヅチは釘の頭を叩くため、カンナは木を削るためであって、使い道は限られています。ところがコンピュータだけは用途を選びません。それは要するにコンピュータという道具が、水や空気のように本質的に「無色透明」であるからなのです。無色透明で、水は無味無臭だからこそ、生活の中で、ありとあらゆるところで使われています。コンピュータがいろいろな場面で使われているのも同じことなのです。もし、水に色や臭いがあれば、料理に使うこともできないし、洗濯に使うこともできないでしょう。それと同じように、コンピュータも無色透明であるからこそ、いろいろな使い道があるのです。

コンピュータは「万能」か？

コンピュータは無色透明で、用途を選ばない——この特徴を「汎用性がある」という言葉で表現することがあります。

汎用性の「汎」とは、「すべて」「オール」ということ。つまり何にでも使えるという意味ですが、この言葉はともすれば誤解を招きやすい面もあるので、私はあまり使いません。
　なぜなら「何にでも使える」という言葉は、ともすると「万能」というイメージを与えてしまうからです。
　おとぎ話の『アラジンと魔法のランプ』には、どんな願いごとでもかなえてくれるランプの精が登場します。ランプをこすって、ランプの精にお願いすると、たちどころにどんな願いでもかなえてくれる——ランプの精はまさに「万能」の力を持っているわけですが、コンピュータは残念ながらそんな魔法使いではありません。
　上手に使えば、コンピュータはいろんな仕事をこなしてくれます。しかし、それはあくまでもコンピュータを使う人しだい。ランプをこすれば、誰でも願いがかなえられるというわけにはいかないのです。コンピュータの「汎用性」を引き出すには、使う人がコンピュータの特性をよく知っている必要があります。
　たとえば、コンピュータは計算に強い、と思われています。たしかに、コンピュータは円周率を小数点以下、何万桁、何十万桁と計算することができます。また、今やパーソナル・コンピュータのレベルでも、ハリウッドの特撮と遜色のないＣＧを合成することもできれば、また専用の音楽ソフトを使えば、フル・オーケストラと聞き間違えるほどの大作をひとりで作ることもできます。
　しかし、それはあくまでもコンピュータを上手に使った場合の話です。コンピュータの長所や欠点を知らずに使うと、コンピュータはとんでもない間違いをしかねません。
　たとえば、コンピュータに（1÷3）×3という計算をさ

せたら、どうなるでしょう。

　人間なら 1 ÷ 3 = ⅓、⅓ × 3 = 1 と考えて、（1 ÷ 3）× 3 = 1 という正解を簡単に出せるでしょう。しかし、コンピュータではそうはいきません。そもそもコンピュータにとって、分数の計算は苦手なのです。

　そのことを電卓で検証してみましょう。電卓とコンピュータの計算の仕組みは同じです。

　電卓で（1 ÷ 3）× 3 の計算をしてみてください。

　どうですか？　どんな答えが出ましたか？　「1」ではなくて、「0.99999……」という答えが表示されたでしょう。

　人間はコンピュータを正確無比な機械だとついつい信用してしまいますが、そんなことはありません。実際には、実にいい加減な計算をしているのです。この場合だと、まず 1 ÷ 3 = 0.3333……という答えを出し、次に 0.333 × 3 = ? と計算するので、（1 ÷ 3）× 3 = 0.9999999……という答えを出してしまったのです。基本的に、一般的に用いられているコンピュータの原理には、分数計算は入っていません。<u>だから間違ってしまうのです。</u>使い方を間違えると、小学 3、4 年生でも解ける問題を平気で間違ってしまう。それがコンピュータなのです。

　1 と 0.9999……とでは、ほんのわずかな差ですから、大したことがないとも言えます。しかし、もっと複雑な計算をしているときに、このような答えのずれ（「計算誤差」と言います）が何度も発生していたらどうなるでしょう。<u>誤差が積み重なっていくうちに</u>、真実とはかけ離れたインチキな答えを出してしまう危険性があるのです。

　もし、そのような間違いが銀行や証券会社といった巨額の資金を扱う会社のコンピュータで発生すれば、巨大な損失を

もたらすかもしれません。また、ジェット機やロケットに積まれているコンピュータに誤差があったら、人命に関る事故が起きるかもしれません。もちろん、こういった計算誤差が生じないよう、専門のプログラマーたちは知恵を絞っているわけですが、本来、コンピュータとはそうした間違いを平気で犯すものなのです。アメリカのコンピュータ・センターにはコンピュータの上にソロバンを飾ってあるところがあると言いますが、これは「コンピュータを過信するな」という戒めなのです。

コンピュータが銀行などで使われ始めた頃、コンピュータの計算誤差を利用した犯罪が行なわれたことがあります。

銀行の利子計算では小数点以下のお金は切り捨てられるのが普通です。たとえば預金が14000円で利子率1.23パーセントの場合、正確にいえば利子は172.2円ですが、実際に払われるのは172円というわけです。つまり、ここには0.2円の計算誤差が発生していることになります。

この決まりに目を付けたのが、アメリカのある銀行で働いていたコンピュータ・プログラマー。彼は銀行の預金管理プログラムをこっそり修正し、銀行中の口座から、こうした小数点以下の利息をすべて自分の口座に自動的に振りこませる仕掛けを作ったのです。それぞれは小数点以下の額といっても、それが積もり積もれば莫大な額になります。彼の口座には労せずして、あっという間に何十万ドルもの額が集まったそうです。

この犯罪の巧妙なところは、不正がなかなか見つかりにくい点にあります。というのも、小数点以下の利息が奪われても、銀行のお客さんには分かりません。また預金全体から見れば、利息計算は合っているわけですから、経営者も気が付

かないのです。

だが、天網恢々疎にして漏らさず。しょせん完全犯罪など物語の中だけのこと。このプログラマーはあっさり捕まってしまいました。というのも、こうして搔き集めた金を口座から全部引き出して逃亡しようとしたところ、あまりにも額が多すぎて銀行に怪しまれてしまったからです。コンピュータは騙せても、結局のところ、人間を欺くことはできない——これはすべてのコンピュータ犯罪に共通して言えることです。

それはさておき、コンピュータはあくまでも「無色透明な道具」。何にでも使えて便利ではありますが、しょせん道具は道具です。

コンピュータを使えば、誰もがすごいＣＧを作ることが可能です。誰でも美しい音楽を作れる可能性があります。コンピュータというのは、たしかに大きなパワーを秘めた道具です。しかし、そのパワーを引き出すのは人間です。コンピュータはすごい道具であると同時に、何もしない道具なのです。そこがカナヅチやノコギリとは大きく違うところです。

いままでの道具はむしろ人間の肉体の能力を増幅してくれるものでした。カナヅチを持てば、誰でも釘が打てるようになる。ノコギリを使えば、木が切れます。また自動車のような複雑な機械でも、その運転方法を覚えれば、どこでも好きなところに行くことができます。

しかし、コンピュータの場合、それほど話は簡単ではありません。キーボードの打ち方を覚え、ソフトウェアの使い方をマスターしたからといって、すぐに壮大なＣＧが作れるわけでもないし、人を感動させる音楽を作曲できるわけでもありません。コンピュータは人間の脳の働きを増幅してくれる機械だからです。コンピュータの使い方を覚える以前に、美

術や音楽のことを知っていなければ、コンピュータは何も応えてくれないのです。

　コンピュータは魔法使いなんかじゃない。無色透明な道具なんだ——そのことをまずみなさんに知ってほしいと思います。

なぜ、コンピュータはむずかしい？

　コンピュータは「無色透明の道具」であるからこそ短い期間でこれほど普及したわけですが、その「無色透明さ」は同時に、コンピュータをむずかしいものにしてしまいました。「長所は短所」という言葉があるのをご存じですか。長所はともすれば、そのまま短所になる、という意味です。「信念がある」というのは長所ですが、一歩間違えれば「頑固である」ということにつながります。逆に「優柔不断」という短所も、裏返せば「適応性がある」という長所にもなります。要するに、世の中に長所だけの人もいなければ、短所だけの人もいないということでしょう。

　私は先ほど、コンピュータぐらい人間の生活を変えた道具はない、と書きました。そして、その普及の秘密はコンピュータが何色にも染まっていない「無色透明な道具」であるからだと述べました。しかし、その無色透明さという特徴は別の面から見ると、困ったことでもあるのです。無色透明ということは、つまり「見えない」ということ。つまり、他の機械や道具と違って、その原理や本質がなかなか理解しにくいのがコンピュータなのです。

コンピュータが登場する以前に人間が作り出した発明品というのは、どんなに複雑なものであっても、その原理を知ることは比較的簡単でした。自動車のボンネットの中をのぞけば、エンジンがあって、そのエンジンが産み出した力がギア（歯車）やシャフト（軸）などを通じて車輪に伝わっていることが素人でも何となく分かります。また超音速のジェット飛行機が飛ぶ原理も、正確ではないにせよ、素人でも理解が可能です。つまり、常識とちょっとした想像力があれば、たいていの機械の働きは分かったものです。

　ところが、コンピュータの場合、そうではありません。パーソナル・コンピュータの蓋を開けてみても、何が何やら全然理解できない。中に入っているのは数センチ角のシリコン・チップが載ったボードと配線だけ。それをいくら見つめても、なぜコンピュータが猛スピードで複雑な計算をやり遂げるのか、想像することさえできません。電源をオンにしてみても、何かが動くわけでもありません。電線に触れて指先がピリピリしびれたからといって、回路の働きが感覚的に分かったということもありません。コンピュータの原理は直感では理解できないのです。

　こうしたコンピュータの分かりにくさのことを「セマンティック・ギャップ Semantic Gap」という言葉で表現することがあります。セマンティックとは英語で「意味的な」という意味。つまりセマンティック・ギャップとは「意味のギャップ」なのですが、これは要するに「一を聞いて十を知る」ことができないということです。

　自動車や飛行機の場合、エンジンやギアボックスの中で起きていることの意味が分かれば、どうやって自動車が動くのかもよく分かります。つまり、一を聞けば、十とまではいか

なくても、三や四ぐらいは分かる。エンジンの中でガソリンが燃え、それがギアを回しているということが分かれば、自動車がどうやって動くかも想像できます。自動車の基本原理と実際の働きは比較的密接につながっているということです。

ところが、コンピュータは違います。コンピュータの回路の中を電気が流れているということが理解できても、その電気の流れがどのようにして複雑な計算や情報処理を可能にしているかの理解には直接つながりません。一を聞いて十を知るどころか、一を聞いても二も分からない。それがコンピュータです。ギャップには「溝」という意味もありますが、コンピュータの原理と働きとの間には、すごく広く、深い溝があるのです。それがセマンティック・ギャップということです。

これは余談ですが、コンピュータよりもセマンティック・ギャップが大きいのは人間の心でしょう。

20世紀の科学は宇宙が誕生したときのようすまで解明しつつあるわけですが、それでもいまだに分からないのが人間の心や理性の仕組みです。私たちの心が脳の働きによって産み出されていることは常識ですが、いったいどうやって心や理性は生まれているのか、それはいまだに分かっていません。

その謎を解き明かすべく、専門家たちは人間の脳をそれこそミクロの単位まで調査し、神経細胞の働きを調べているわけですが、脳の中で起きている物理現象がどれだけ分かっても、心のメカニズム、知性を産み出すメカニズムは謎のベールに包まれたままです。人間の心の働きにはグランド・キャニオンなみのセマンティック・ギャップがあるのです。人間がこの溝を跳び越えるには、あとどれだけの時間がかかるのか。その見通しさえ立っていないというのが正直なところで

しょう。

コンピュータは
「総合芸術」だ

　ところで、どうしてコンピュータは、他の発明品や技術よりもセマンティック・ギャップが大きいのでしょうか。

　その最大の原因は、コンピュータが実にさまざまな科学や技術を総合した結果、作り出されたものであるということにあります。この本を読み進んでいくうちに、よくお分かりになると思いますが、コンピュータ・テクノロジーはけっしてひとりの人間が考え出したものでも発明したものでもないのです。近代以降、人間が取り組んできたいろんな科学研究や技術が1つに合流した結果、誕生したのがコンピュータなのです。コンピュータとは「ビッグ・サイエンス」の産物です。

　コンピュータに関わる学問や技術をざっと並べてみると、基本的なところでいえば、数学、物理学、論理学、情報科学というものが挙げられます。しかし、これだけではコンピュータは作れません。コンピュータのシリコン・チップを作るためには半導体工学や化学の知識が欠かせません。インターネットには通信テクノロジーが不可欠ですし、またプリンタを動かすためには機械工学の助けも必要です。

　さらに CD-ROM はレーザー光の研究があってはじめて作られたわけですし、ノートブック・パソコンには液晶の技術が活用されています。マルチメディアでは画像や音声の技術、人工知能の研究ともなれば、生物学や医学の知識も動員されることになります。

現在のコンピュータが生まれるには、これだけ幅広い分野の学問と技術が必要だったのです。
　19世紀に電気通信が実用化されたことと、コンピュータの発展とは一見、関係ないように思えます。20世紀初頭にエジソンが蓄音機を作ったこととコンピュータとは何の関係もないように見えるでしょう。しかし、こうした発明がどれか1つでも欠けていたり、進歩が遅れていたら、今のようなコンピュータ社会、インターネット社会は実現されていなかったに違いありません。
「世界最初のコンピュータは1946年に作られた」と前に書きましたが、実際には、それ以前にもコンピュータを作ろうとした人たちはいたのです。しかし、それがことごとく失敗か未完成に終わったのは、コンピュータを作るために必要なジグソー・パズルのピースが全部そろっていなかったためなのです。言うなれば、20世紀の半ばになって、ようやく人間の科学がコンピュータを産み出すまでに成熟したというわけなのです（しかし、技術がそろっただけではコンピュータは生まれませんでした。科学技術が総結集されコンピュータが作り出されたのは、戦争という強い動機があったからです。第2次世界大戦、そして米ソ冷戦という「時代」がコンピュータを産み、育てました。コンピュータは「近代科学の子」であると同時に「戦争の落とし子」でもあるのです。このことは第3章で詳しく述べます）。
　ちょっと意外に思われるかもしれませんが、コンピュータというのは建築に似ています。
　ビルや家屋というのは、ひとくくりに建築物と言われますが、その中にはいろんな技術が盛りこまれています。単にレンガを積みあげればいいというものではありません。一軒の

家を造るのには、大工さんだけでなく、左官屋さん、水道屋さん、電気工事の人、内装業者、ガラス屋さん……いろんな人の知識と経験が必要です。このうちの誰かひとりでも欠けていては家はできません。家の骨組みの作り方が分かったからといって、住める家が造れるわけではないのです。昔から「建築は総合芸術だ」と言われるゆえんです。

　それと同じように電子回路が理解できたからといって、コンピュータが理解できたとはいえないし、ましてやコンピュータが作れるわけではないのです。そこにコンピュータのむずかしさも面白さもあるのです。

英語の壁

　話を戻しましょう。

　本書を読んでおられる方の中にも「私はコンピュータが苦手」と嘆いている人や、「いまいちコンピュータは分からない」と感じている人は少なくないと思います。それで本書を買ったという人もきっといるでしょう。しかし、それは恥ずかしいことでも何でもないのです。コンピュータは人類史上、画期的な発明品であると同時に、人類史上、最も分かりにくい道具でもあるのです。分からない、と感じるのは無理もありません。いや、分からないほうが当然と言ってもいいでしょう。

　ことに日本人の場合、さらにコンピュータを分かりづらくさせているのが、横文字だらけのコンピュータ用語です。先ほども少し触れましたが、コンピュータやインターネットと

いったテクノロジーは、アメリカで生まれ、育ったものです。もっと正確に言えば、アメリカ軍や国防総省が軍事技術として開発したものなのです。ですから、コンピュータ関連の用語はほとんど英語がベースです。

コンピュータは先ほど述べたように、セマンティック・ギャップ（これも英語ですね）の大きな技術ですから、アメリカ人でもコンピュータが苦手な人はたくさんいます。しかし、日本人の場合、コンピュータそのもののむずかしさに加えて、英語というハードルが加わっているわけですから、なおさらやっかいです。

たとえばインターネットでよく使われている単語に「WWW」という言葉があります。これは World Wide Web（ワールド・ワイド・ウェブ）の略語なのですが、ワールド・ワイド・ウェブなどと言われても日本人にはピンと来ません。

しかし、英語を母国語にしている人にとっては「ワールド・ワイド・ウェブ＝世界中クモの巣」という意味がすぐに分かります。そして、インターネットという「網」が世界中をまるでクモの巣のように覆いつくしているイメージが心の中に浮かんできて、WWWという言葉が何となく分かったような気になるというものです。

そもそも専門用語というのは、ただの約束事で使われているように思われがちですが、そうではありません。短い言葉の中に、本質がこめられていることが少なくないのです。WWW、「世界中クモの巣」という言葉も、世界中を覆いつくすインターネットの本質を上手に表現しています。ですから、コンピュータ用語の意味が分かるというのは、ささいなことに見えて、実は重要なことでもあります。

もちろん、WWWの意味が分かれば、インターネットを上

手に使えるようになるというものではありません。しかし、言葉の意味も分からずに理解するのと、用語の意味を分かったうえで勉強するのとでは大きな違いがあるのは言うまでもないでしょう。その点、日本人は最初からハンディキャップを与えられているわけなのです。日本人にコンピュータが苦手という人が少なくないのは、けっして不思議なことではありません。

コンピュータとどうつき合うか

　無色透明の道具、コンピュータ——この素晴らしい、そしてやっかいな代物(しろもの)と、どうやってつき合うのがいいのでしょう。

　その方法には大きく分けて2つあります。

　1つは、とにかく使ってみるという実践的アプローチです。コンピュータの中で何が起こっていようが関係ない。コンピュータなんてしょせん道具、ツールなんだから、わざわざ苦労して理解してやる義理もいわれもない、という考え方です。具体的に言えば、ウインドウズやマックの使い方、ワープロや電子メールの操作方法をマスターするということです。

　もう1つは、コンピュータというものの本質や原理、あるいはその歴史から知りたいという、どちらかといえば正攻法のアプローチです。

　この2つのアプローチのうち、どちらが簡単かといえば、言うまでもなくコンピュータを実際に使ってみるという道でしょう。

それでコンピュータが「分かる」のかということはさておき、少なくともコンピュータを「使った」という実感は得られますし、コンピュータの便利さを体験することもできます。
　そもそも基本原理なんて分からなくても使えるというのが、コンピュータのいいところです。逆に言えば、基本原理が分かったところで、コンピュータやインターネットの達人になれるわけではありません。セマンティック・ギャップという言葉をふたたび持ち出せば、「原理を知る」ということと「達人になる」ということの間には、大きなギャップがあるのです。
　だから、四の五の言わずにコンピュータに触ったほうがいいというのは、実に現実的な考え方だと言えるでしょう。実際、コンピュータ・ゲームの花形デザイナーやＣＧアーチストたちにしても、コンピュータの基本原理やインターネットの仕組みを必ずしもよく理解しているわけではないのです。

ワインとコンピュータ

　コンピュータとは「無色透明な道具」なのだから、原理や本質など「見えない」ままでもかまわない。要は道具として使えればいいのだ——そう考えるのは、それはそれで１つの見識です。人生は一度きりなのだから、コンピュータの原理を一から学ぶ時間など無駄なこと。そんな回り道をするより、さっさとハードやソフトの使い方を覚えたほうがいいという意見も否定できません。
　でも、はたしてそれでいいのでしょうか。

20世紀最大の発明品コンピュータの本質や特性を知らず、言ってみればコンピュータを「魔法の箱」として使うというのでは、あまりにももったいないのではないでしょうか。

　冒頭に記したように、私たちはコンピュータなくしては今や1日も過ごせなくなっています。そして、コンピュータやインターネットの重要性は今後、ますます大きくなっていくことは誰の目から見ても明らかです。しかも、コンピュータ・テクノロジーは近代科学技術の粋を集めたもの。こんなに大事で、面白いものを「むずかしそう」「やっかいだ」と言って敬遠してしまっていいのでしょうか。

　たしかに、コンピュータの原理や本質、歴史を学んだからといって、たちまちコンピュータの達人になれるわけではありません。でも、どうやってコンピュータは動いているのか、コンピュータのどこがすごいのかを知れば、きっともっとコンピュータが好きになれるし、コンピュータの上手な使い方が見えてくるはずです。

　いえ、これはコンピュータにかぎった話ではありません。どんなものでもその本質や原理を知っていたほうが、ずっと応用が利くし、何より人生が豊かになるというものです。

　たとえば、今、日本ではワインがちょっとしたブームになっていますが、ワインの味わい方にはいろんな道があるでしょう。

　どんなワインだってブドウからできているし、アルコールが入っています。だから、銘柄にこだわらず、値段本位でワインを買ってきて、たくさん飲んで酔えればそれでいいという考え方もあるでしょう。また、ワインの銘柄なんてよく分からないけれども、おいしいワインは飲みたい。だから、とりあえず他人の勧めるワイン、雑誌に紹介されていたワイン

を飲むという人もあるでしょう。値段本位で選ぼうが、他人任せで選ぼうが、それはそれで、いいワイン、おいしいワインに巡りあえるかもしれません。

　でも、せっかくお金を出してワインを飲むのです。ワインってどうやって作られるのか、ワインを作るブドウにはどんな種類があるのか、またワインにどんな歴史があるのか……そうしたワインの基礎知識を知っていたほうが、おいしくて手頃なワインに出会う可能性がずっと増えていくものでしょうし、同じワインを飲むのでも味わいが違うというものではないでしょうか。

　さらに言えば、ワイン選びを他人任せにしているのでは、結局のところ、ワインの業者やメディアに踊らされているだけとも言えます。やはり自分で納得して飲むのでなければ、せっかくのお金も無駄になってしまうことになりかねません。

　実は、コンピュータも同じです。

　すでにパソコンを持っている人なら分かるでしょうが、残念なことに現在のパソコンというのは実にお金のかかるシステムになっています。次から次に性能をアップさせた新製品のパソコンが出てくるし、またソフトを買えば何ヶ月も経たないうちに「バージョン・アップのお知らせ」なるダイレクトメールが届いて、新バージョンのソフトが欲しければお金を振りこみなさいと言ってきます。そんな情報洪水の中に身を置くと、たえず新製品、新バージョンに更新していないと世間に置いていかれるのではないかとつい思ってしまいます。

　しかし、しょせんコンピュータは道具。

　どんなに高速で高性能のパソコンを買ったからといって、その人が前より賢くなれるわけでもないし、有能になれるわけでもない。

大事なのは、コンピュータというツールを使って何をしたいかということだし、またコンピュータを使えば何ができるかを知ることなのです。コンピュータの最新情報をいくらたくさん知っていても、コンピュータの達人になれるわけではありません。それはむしろ、ハードやソフト・メーカーの宣伝戦略に乗せられているだけのことです。その意味でも、コンピュータの基本の基本、すなわち原理や本質を知ることは重要なのだと思います。

なぜ、アメリカはコンピュータ
大国になれたのか

　コンピュータの本質や特性を理解したうえで、あくまでもコンピュータをツールとして使う——日本人として残念なことですが、この点において日本よりもアメリカのほうがずっと上を行っていると言わざるをえません。アメリカはコンピュータを作り、育てた国ですから、当然といえば当然なのかもしれませんが、それだけではすまない差があるように思えてなりません。

　それが象徴的に現われているのが、コンピュータをめぐる国家戦略です。

　ご存じのようにアメリカは国家を挙げて、コンピュータとインターネットの普及に力を入れています。クリントン前政権ではゴア副大統領を中心に、次世代の情報社会づくりのための政策を打ち出しました。

　アメリカではすでに普通の家庭でも複数のパソコンがある家が珍しくありませんし、またインターネットも爆発的に普

及していますが、さらにアメリカ政府は国家戦略として全米の隅々に高速のインターネット網を構築していこうと考えています。

アメリカ経済は世界一の好況でしたが、その牽引力(けんいんりょく)となっていたのがコンピュータやインターネットであると言われています。コンピュータによる合理化、省力化によって活性化した経済を21世紀にまで続けたいというのが、クリントン前政権の考えでした。

もちろん、こうしたアメリカの動きを知り、不況に悩む日本政府も負けじと同様のインターネット網を作るとしているのですが、日本の場合はとにかくインターネットの通信網を敷けばいい、あるいはコンピュータを学校に配置すればいいという発想で終わっているように思えてなりません。

つまり、コンピュータやインターネットを普及させることで、どんな日本にしたいのかというビジョンが見えてこないのです。

その点、アメリカが偉いと思うのは、まず目的があって、その目的を達成するためにコンピュータやインターネットが必要であると考える点です。

1998年4月に出されたクリントン政権の大統領教書は、「デジタル・エコノミー」という単語を使って話題になりました。

つまり、これからのアメリカ経済はコンピュータとインターネットで国際競争力をさらに強めていく。そのための政策をアメリカ政府は打ち出していくのだという話ですが、これは日本でも大きく報道されたからご存じの方も多いでしょう。日本政府の動きも、この教書に刺激されたところが多分にあります。

ところが、この教書を実際に読んでみると、デジタル・エコノミーという言葉もインターネットの話も長い教書の終わりにようやく出てくるのです。
　では、いったい何が書いてあるのかといえば、まず最初に出てくるのは「強いアメリカを作っていくのだ」というクリントン大統領の決意表明なのです。つまり、今のアメリカ経済は好調で世界一だけれども、このトップの座を21世紀でも維持し続ける。それがアメリカ国民の幸福のためだというわけです。
　それでは、そのために何をしたらいいか——ここでコンピュータやインターネットの話が出てくるかと思いきや、そうではありません。次に出てくるのは教育の話です。21世紀のアメリカが世界のトップを走るためには、今の子どもたちが立派な大人になってくれなければならない。若者たちがアメリカの未来を支えているのだから、教育問題が何よりも重要になってくるというわけです。
「ところが信頼すべき統計によれば（こういうところにすぐ統計を持ち出すのは、アメリカ人の癖なのですが）アメリカの義務教育は世界的に見れば、ひじょうにレベルが低い。大学教育を見ればアメリカは世界一（日本はざっと40番目ぐらい）だが、小中学校や高等学校の水準は世界の30番目（日本はもちろんトップ・テンに入っています）というありさまである。これはけっして褒められたことではないし、ましてや今、世界で30番目ぐらいの教育しか受けていない子どもたちが21世紀を支えることになるのだから、心配このうえない」
　クリントン大統領はさらに続けます。
「では、いったいどうしたら義務教育のレベルを上げられるか。それには先生の数をもっと増やす必要がある。今のよう

に1クラス30人、40人という教え方を続けているかぎり、生徒の才能を伸ばしてやることもできないし、落ちこぼれを増やすばかりである。アメリカが世界一であるためには、最大でも1クラス18人程度の学級編成にしなければならない。それには10万人の教師が必要になってくる」

　まだまだ、コンピュータもインターネットの話も出てきません。

「だが、ひとくちに10万人、先生を増やすと言っても話は簡単ではない。アメリカは広い。大都市の学校なら先生のなり手も多いが、過疎地はそうはいかない。ではいったいどうしたら、少人数のクラスをアメリカ中に作れるのか」

　さあ、ここからが本題です。

「そこで必要になってくるのが、高速のインターネットなのです。今のインターネットよりも格段に速い情報ネットワークを作り、そのネットワークを通じてアメリカのどこでも一流の先生による授業がリアルタイムで受けられるようにする。そうすれば、過疎地だろうが都会だろうが教育の格差がなくなるではありませんか。優れた子どもたちを育てられるではありませんか」

　どうですか、この発想、この説得力。私はこの教書を読んだとき、本当にうなってしまいました。21世紀のアメリカ経済を担う子どもたちのために高速情報ネットワークを作るのだというのです。とにかくアメリカに負けずに先端技術を導入しよう、そうすれば不況脱出の公共投資にもなるといって高速通信網を闇雲に作ろうとしているどこかの国とは大違いです。

　はたしてクリントン大統領の言うとおり、1クラス18人の教育ができるのかは分かりませんが、少なくともこの教書を

読めば、誰にでもインターネットの潜在力がよく理解できるというものでしょう。

何度も何度も繰り返したいのですが、コンピュータもインターネットも魔法のランプではありません。それは個人でも同じですし、また国家でも同じです。

インターネットの高速ネットワークを構築したからといって、簡単にデジタル・エコノミーになれるわけではないのです。そのためにはまず、どんな国になりたいのか、どんな未来を作りたいのかというビジョンが必要だということだし、またインターネットやコンピュータに何ができるのかという本質的な知識も大事になってきます。「とりあえず最新式、高性能のテクノロジーを持っていれば安心」なのではないのです。

あと10年でパソコンは滅びる？

私がみなさんに、ぜひコンピュータの本質と原理を知ってほしいと願う理由は他にもあります。

それは近い将来、パーソナル・コンピュータの世界に大きな変化が現われる兆しが見えてきたからです。

コンピュータというと、みなさんはコンピュータ本体にディスプレイとキーボードがセットになったものを想像するでしょう。そしてコンピュータといえば、1台でワープロもできるし、表計算もできる、ＣＧも描けるし、インターネットもできるものというイメージがあるかと思います。

しかし、こうした種類のコンピュータ、いわゆるパーソナ

ル・コンピュータはおそらく10年かそこらで主流から落っこちてしまうのではないかと私は予測しているのです。

　そう推測するに足りる理由はいくつでもありますが、その第一は何と言っても、今のコンピュータがあまりにも使い勝手が悪すぎるという点にあります。

　今のパソコンは「何でもできる」というのが最大のセールス・ポイントです。先ほども言ったように、パソコン1台さえあれば、ワープロだってインターネットだって音楽だってCGだってできる。最近ではビデオの編集や、テレビ放送を見ることができるというパソコンも現われています。でも、そんなに機能を盛りこんで、はたしてどれだけ便利になったでしょうか。高いカネを出してパソコン本体やソフトを買ったのはいいけれども、結局、一度も使ったことがないという機能がありすぎはしないでしょうか。

　今のパソコンは、明らかに機能過剰になっています。たしかにコンピュータは何でもできる道具ではあるけれども、だからといって何もかも入れてしまえばいいというものでもないでしょう。

　トイレ、ベッド、テレビ、ステレオ・コンポ、洗濯機、冷蔵庫、ファックス、はたまたタンスにクローゼット……1台の車の中に、そんなにたくさんの機能を盛りこんであったとしたら、あなたはその自動車を買いますか。

　おそらく、そんな車を買うのはよほどオートキャンプの好きな人だけでしょう。普通の人なら、「こんなにいっぱい備品を載せていたら燃費も悪いし、スピードも出ない。それに窮屈だ」と思って見向きもしないでしょう。燃費にこだわる人はリッターカーや軽自動車を選ぶでしょうし、またスピードを重視する人はスポーツカー、また居住性を優先するの

であれば高級車を買う。自動車の場合、そうした選択肢があるというのに、パーソナル・コンピュータにはそれがない。これって、変だと思いませんか。

さらに付け加えれば、今のコンピュータはあまりにもむずかしすぎます。それはみなさんが一番よくご承知でしょう。しかも、そのむずかしさは年を経るごとに、どんどん増えていっています。その証拠に、いわゆるコンピュータのマニュアルはぶ厚くなる一方です。これも普通の商品では考えられない話です。

もう一度、自動車の例で言えば、自動車の運転は昔よりも今のほうがずっと簡単です。ギアチェンジもマニュアルからオートに変わったし、ハンドルもパワーステアリングになって楽に動かせるようになりました。ユーザーがなるべく簡単に扱えるようにする。それが商品開発の常識ではないでしょうか。その常識がどうしてパソコンには通用しないのでしょう。これっておかしいと思いませんか。

「どこでもコンピュータ」

今のパーソナル・コンピュータは、あまりにユーザーに負担をかけすぎているし、サービス過剰ではないか——こう感じているのは私だけではありません。すでに、そうした反省を受けて新しい動きが生まれつつあります。

その代表例が日本で人気を呼んだ電子メール専用端末です。携帯電話とつなげれば、どこからでも電子メールが送れる。機能はたったそれだけですが、それだけに操作も簡単だし、

軽くて持ち歩くのも便利です。それどころか、最近では携帯電話そのものにメール機能が付いたものさえ発売されています。いわゆるノートブック・パソコンも最近ではずいぶん軽くなったとはいえ、大きさ・重さではこうした専用端末や携帯電話には、かないません。そうした点が人気を呼んでいるのです。また、スケジュール管理や電話帳といった機能に特化した電子手帳（ＰＩＭ＝パーソナル・インフォメーション・マネージャ）はすでにビジネスマンの間に定着した観があります。

　何でもできるけれども、使いにくいコンピュータから、用途限定の使いやすいコンピュータへ——この動きは間違いなく、今後加速していくでしょう。いわゆるパーソナル・コンピュータが完全に消えてしまうことはないでしょうが、その比率は小さくなっていくと思われます。

　また、今はコンピュータがテレビやビデオといったいろんな機能を貪欲に飲みこんでいますが、その流れも逆転します。いろんな家電製品や道具にコンピュータやインターネットの機能が入っていくことになるでしょう。これは考えてみれば当然のことです。

　たとえばコンピュータを使えば、料理のレシピを電子化することができますが、今はそのレシピをわざわざパソコンのある部屋まで行って検索するしかありません。これはどう見ても、労力の無駄です。かといって、一般のキッチンにはパソコンを設置するだけの場所もない。というわけで、せっかくの料理ソフトも役に立たない状況になりがちなのですが、これもパソコンが家電の中に入ってしまえば解決します。

　たとえば、キッチンにある電気冷蔵庫にパソコンとレシピ・ソフトを組みこみ、冷蔵庫のドアにディスプレイをくっ

つけてしまえば、レシピを確認しながら、料理を作ることもできるわけです。実際、インターネットと組み合わせて使う電子レンジが、アメリカのメーカーから発売されています。

また、今はビデオの編集をコンピュータでするというのが人気を集めていますが、これにしてもわざわざコンピュータの狭い画面でやる必要はありません。普通のＶＴＲやテレビにその機能を組みこんだほうが、ずっと便利でしょう。家電の中にコンピュータやインターネット機能を持たせるというと、コストが高くつきそうな気がするかもしれませんが、最近のコンピュータ部品は低価格化が進んでいます。機能を限定し、高性能を追求しなければそれほど値段も高くならないというわけです。

こうした新しいタイプのコンピュータの使い方を、私は「超機能分散」と呼んでいます。1台のパーソナル・コンピュータにいろんな仕事をさせるのではなく、個々の家電製品などにコンピュータを組みこみ、それらをネットワークでつなぐというのが「超機能分散」です。

今のコンピュータは机の上にデンと乗っていて、ユーザーのほうがコンピュータに近づいていかなければ使えないわけですが、これからはコンピュータがユーザーのほうに近づいてくるのです。その中には携帯電子メール端末のようにユーザーと一緒に動き回るコンピュータもあれば、また料理レシピ用のコンピュータのように、ユーザーの動くところに先回りして待ちかまえているコンピュータもあるというわけです。

このことは第9章で詳しく紹介するつもりですが、1984年から私が行なっているＴＲＯＮ（トロン）というプロジェクトでは、この「超機能分散システム」の実現が大きな目標になっています。「超機能分散システム」では普通の人には分かりにくい

ので、「どこでもコンピュータ」と呼んだりもしています。欧米でもこのようなコンピュータの応用が、注目されるようになっていて、英語で「ユビキタス・コンピューティング」という研究分野になっています。

「ユビキタス ubiquitous」とは耳慣れない単語ですが、大きな辞書を引くと「遍在する」と書かれています。これは「どこにでもある」ということですから、まさに「どこでもコンピュータ」なのです。

「どこでもコンピュータ」の時代はすでに始まっている、と言っても、あながち大げさではありません。コンピュータやインターネットの技術はそれを十分に実用化できるレベルまで進化しています。今後は、こうした形のコンピュータ機器がどんどん登場してくるに違いありません。その動きにともなって、いわゆるパーソナル・コンピュータの比重は小さくなっていくと思われます。

「満つれば虧ける」という古い言い回しがありますが、絶頂を迎えたときが実は没落の始まりだったということは歴史の中に掃いて捨てるほど例があります。今、ウインドウズやマックに代表される従来型のパーソナル・コンピュータは世界中に普及し、パソコンの時代が確立したかのように見えます。しかし、だからこそ新しい時代、つまり「どこでもコンピュータの時代」への動きがすでに始まっていると考えるべきなのではないでしょうか。

コンピュータの世界では「ドッグ・イヤー」という言葉がよく使われます。イヌにとっての1歳は人間の7歳分に当たるということから来た言い回しで、コンピュータ業界での1年は普通の産業の7年に相当するというわけです。普通の感覚からすれば10年は短いように思えますが、コンピュータ業

界にとっての10年とは普通の産業の70年分ということです。
　考えてもみてください。1980年代にはインターネットという言葉を知っている人も日本にはほとんどいませんでした。それが今では何千万人という人が電子メールを使い、しかもそれが携帯端末や携帯電話から発信できる時代になったのです。ですから、今から10年後に「どこでもコンピュータ」が完全に主流になっていても、ちっとも不思議はありません。

コンピュータ学へ、ようこそ

　さて、その「どこでもコンピュータ」の時代が到来したとき、いったい何が大事になってくるのか——それはコンピュータを使う人のセンスであり、情熱ではないでしょうか。
　今は、むずかしいコンピュータを上手に使える人が尊敬される時代です。複雑怪奇なまでに発達したコンピュータ・ソフトをぶ厚い解説書と首っ引きで取り組み、その操作方法をマスターすることが偉いと思われているわけです。
　しかし、コンピュータが使いやすいものになっていけば、そうした知識は二の次、三の次になっていきます。そして「道具としてのコンピュータ」を何のために使いたいのか、ということがますます重要になってくるでしょう。
　コンピュータとインターネット技術は、世界中を１つにしました。どんなところにいても世界中に情報を発信することができるし、また世界中のマーケットを相手に商品やサービスを売ることができます。
　そこで最も大事になってくるのは、資本力でも技術力でも

ありません。世界中の多くの人を興奮させるアイデア、世界中の人を喜ばせたい、楽しませたいという情熱……これこそが、今後問われてくるのではないでしょうか。

　逆説的に聞こえるかもしれませんが、そういう時代になればなるほど、私はコンピュータの原理や特性を知ることが大事ではないかと思っているのです。何度も繰り返すように、コンピュータは魔法のランプではありません。コンピュータは平気で（1÷3）×3を間違える道具だし、ユーザーがきちんと指示をしてやらないと何もしてくれない、融通の利かない「万能ツール」なのです。

　しかし、コンピュータには何ができて、何ができないか。コンピュータは何が得意で、何が不得意か……そうした基本を知ったうえで使いこなせば、コンピュータほど頼りになる道具もありません。

　たしかにコンピュータを学ぶというのは、一筋縄ではいきません。ひとくちにコンピュータ学と言っても、そこには数学の話も出てくれば、物理の話も出てきます。ソフトウェアやインターネットのことだって学ぶ必要があります。こんな「学問」はちょっと他では見あたりません。

　しかし、堅いスルメも噛めば噛むほど味わいが出てくるように、コンピュータ学も噛めば噛むほど面白くなってきます。「コンピュータって面白い」「コンピュータってすごい」、この本を読み終わったころにはきっとあなたはそう思っているはずです。そして、前よりもずっとコンピュータを身近なものに感じるようになっているでしょう。

　コンピュータと仲よくなる――それがこれからの時代に活躍するみなさんにとって、何よりも大事な「一歩」になると信じています。

コンピュータ学へ、ようこそ。コンピュータは20世紀が産んだ最大の発明品。その秘密とパワーを、これからみなさんにご覧いただきましょう。

第2章

20世紀を変えた
情報理論

コンピュータを「万能情報マシン」に進化させたのは、
天才クロード・シャノンでした。
世界に満ちあふれている情報は
すべて0と1の「ビット」で表現できる――
彼の大発見から
現在の高度情報社会は誕生したのです。

なぜ「計算機」が
コンピュータになったのか

　前の章で私は「コンピュータは無色透明の道具だ」と書きました。コンピュータには汎用性があり、無限とも言えるほど、いろんな用途に使うことができます。この無色透明さ、汎用性ゆえに、コンピュータはこれほどまでに普及したわけです。

　しかし、実はこのコンピュータ、最初から汎用性を狙って作られたものではありませんでした。最初にコンピュータが作られたとき、これがさまざまな目的に応用できるものだとは作った人も想像していなかったのです。

　というのも、そもそもコンピュータは計算機として作られたからです。

　数学のむずかしい計算を電気の力でやってしまおうというのが、コンピュータの始まりだったのです。ソロバンや筆算ではとうてい間に合わないような複雑な計算を、機械にさせてしまいたい——その欲望が電子計算機を産み出しました。コンピュータとは本来、計算のためだけの目的に作られたものであったのです。

　コンピュータは今でも「電子計算機」という呼び方をします。英語の computer にしても、直訳すれば「計算機」という意味です。だから、コンピュータが最初、計算機だった、などと私が書いても、おそらくみなさんは「そんなこと、言われなくても分かっているよ」と思うでしょう。

　でも、よく考えてみてください。足し算やかけ算、微分に積分といった計算のために作られた道具が、どうしてワープ

ロやＣＧの製作に使えるのでしょう。これは不思議だと思いませんか。ワープロで文章を書くこと、そしてそれをプリントすることと、数学の計算とは本来、無縁のことがらです。また、インターネットを通じて、遠くの友人とメールを交換するということも、計算とは結びつきません。どうしてただの「計算機」にそんなことができるのでしょう。

　実のところ、コンピュータの基本的な原理は1946年に世界最初の「電子計算機」が作られたときから変わっていません。今日に至るまでの半世紀の間に、コンピュータ・テクノロジーはたしかに進歩しました。最初は巨大だったコンピュータも、今や手のひらの上、あるいは携帯電話の中に入るほどに小さくなったのですが、その原理は50年前とほとんど変わっていないのです。つまり、今でもコンピュータは基本的に「計算機」だということです。

　では、どうして単なる計算機が汎用性を持った無色透明の道具になったのでしょう。計算以外の用途に使われるようになったのでしょうか——これから、この「謎」を解き明かしていきたいと思います。

情報化時代を作った男
クロード・シャノン

　電子計算機（コンピュータ）を計算だけに使うのはもったいない。これは、いろんな用途に使えるのだ！——このことを世界ではじめて指摘したのは、アメリカのクロード・シャノン（Claude Elwood Shannon 1916–2001）という人でした。このシャノンの発見と研究がなければ、ひょっとしたら

コンピュータはいまだに「高速ソロバン」のまま使われていたかもしれません。少なくとも、今日のような高度情報化社会もなかったし、インターネットやマルチメディア技術の発展もありえなかったはずです。シャノンの業績は、そのくらい偉大です。

　前章で述べたとおり、コンピュータはひとりが作ったものではありません。いろんな才能や知恵が結集して誕生したものです。しかし、その中でもシャノンは特に重要なひとりであり、みなさんに知ってもらいたい人物です。

　シャノンは、コンピュータが最初に作られた年から2年後の1948年、ひじょうに重要な2つの論文を発表しました。それはのちに「情報理論」と呼ばれるものでしたが、このシャノンの情報理論によって、コンピュータは単なる計算マシンから汎用マシンに生まれ変わったのです。

　ちなみに、このときシャノンは32歳。天才という言葉は、まさに彼のためにあると言ってもいいでしょう。

　若い頃のシャノンは一輪車やジャグリングが大好きで、自分の研究室のあるMIT（マサチューセッツ工科大学）の校舎の中を一輪車で走り回り、奇人ぞろいで知られるMITの中でも、とりわけ有名であったと伝えられています。

　日本では、人とは違ったことをすると嫌われたり、いじめられたりするものですが、アメリカにはシャノンのような「奇人」でも、才能さえあれば、それを素直に認める風土があります。何もかもアメリカの真似をする必要はありませんが、このあたりは日本も学ぶ必要があると思います。

クロード・シャノン

「情報の科学」の誕生

 それでは、シャノンの提唱した「情報理論」とは、いったいどんなものだったのでしょう。
 言うまでもないことですが、シャノンが現われる前から情報、インフォメーションという言葉は存在しましたし、情報は大事なものだということは知られていました。
 何か商売をして儲けようというときにも情報は不可欠です。どこで、どんなものが作られているかという情報をキャッチし、同時に、その商品をどこの誰が必要としているかという情報を知ることで、昔から商人はお金を稼いできました。
 また国家が戦争をするときにも、情報は必要不可欠です。そこで洋の東西を問わず、昔からスパイや忍者といった「情報部員」が活躍し、相手の情報を収集していたわけです。
 情報を利用していたのは人間ばかりではありません。
 たとえば、ミツバチは自分が見つけた花畑の情報を仲間に知らせるために、巣の近くで独特なダンスを踊ります。ミツバチは8の字型のダンスを踊ることで、花のある方向やおおよその距離を伝えるのです。また、動物たちが交尾を行なうときには、フェロモンという物質を出して異性を引きつけますが、これもまた情報の一種です。つまり、「誰か私を見て！」という情報をフェロモンに託して伝えるというわけです。
 このように人間の世界でも、動物の世界でも情報は重要な役割を果たしているわけですが、こうした多種多様な情報を1つの理論で扱えないかと歴史上はじめて考えたのがシャノ

ンだったのです。

情報は物理学を
超えた存在だ！

　19世紀から20世紀にかけての100年間は物理学の時代であったと言えます。世界を動かしている原理とは何か——それを物質とエネルギーという観点から解き明かそうとしたのが物理学です。

　その中でも最大の巨人は何と言ってもアインシュタインでしょう。彼の理論によって、今では宇宙草創のビッグバンの正体から素粒子の世界までが分かるようになりました。また人間は物理学を知ることで、原子力という途方もないパワーを手に入れることもできました。さらに最近では、物理学者たちは生命の秘密をも解き明かそうとしています。まさに物理学は、世界の秘密を探る「万能の学問」のように思えます。

　ところが、「物理学だけでは解き明かせないものがある。それが情報だ」と言ったのがシャノンだったのです。

　たとえば、ここに16本のマッチ棒があったとします。そのマッチをテーブルの上に投げれば、マッチ棒はバラバラに散らばってしまうわけですが、その同じ16本のマッチを**図（P.56）**のように並べると、そこには「ＳＯＳ」の文字が現われてきます。

　乱雑に散らばったマッチと、ＳＯＳの形に並んだマッチ——この２つの状態は人間の目から見れば明らかに違います。

　しかし、これを物理学の観点から見たら、どうなるでしょう。

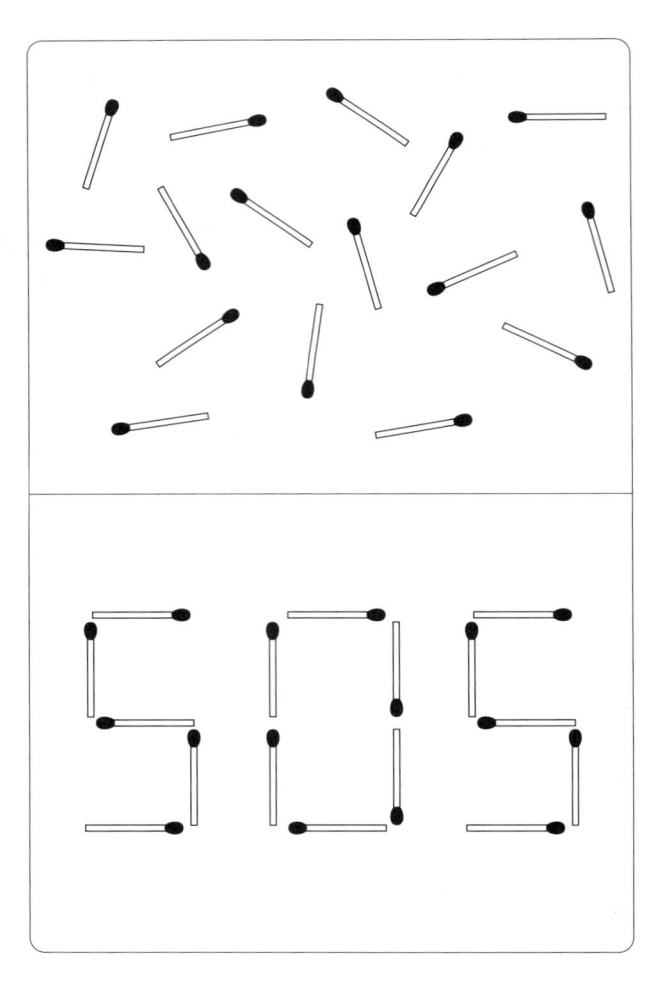

どちらのマッチも、物質という面から見ればまったく違いはありません。また、エネルギーの面から見ても、区別はできません。つまり、物理学ではマッチ棒が示している「ＳＯＳ」という情報は読みとれないということなのです。
　このことをさらに別の例で考えてみましょう。
　タイプライターをサルに与えて、このサルにタイプの打ち方を教えたとしましょう。サルは面白がってタイプを打つはずですが、その結果、打ち出された紙には意味不明の文字の列が並んでいることでしょう。その同じタイプを使って、人間がシェイクスピアの文章を打ったとします。サルが打ったタイプの紙と、人間が打ったタイプの紙、この２つは物理学から見れば物質の構成も、光の反射もほとんど同じものです。しかし、これを私たちが見れば、その差は歴然としています。
　物理学で測ることのできない「差」、それが情報だ！——シャノンの情報理論は物理学の盲点をついたものだったとも言えるでしょう。物理学では、世界は物質とエネルギーによって作られているとされていたわけですが、シャノンは宇宙を形作る「第３の要素」として情報の重要性を指摘したのです。
　しかし、ここで大急ぎでお断わりしておきますが、「情報は物理学では捉えられない」と言っても、情報が物理学とは無縁な存在であるというわけではありません。情報といえども、物理学の法則は無視することはできないのです。情報を伝えるには、音や光といった物理現象を使わなければならないのですから、たとえば光よりも速く情報を伝えることなどできません。情報だって、物理学の法則には従うのです。物理法則を超越して、たとえばテレパシーのようなもので何万光年も離れた星に一瞬にして情報を伝える、などということ

はやはり不可能です。

情報の「コード化」

さて、シャノンの偉いところは「物理学では情報を扱うことができない」と指摘しただけでは終わらなかったことです。彼は次に、情報を科学的に扱うために必要な理論を作り出しました。それまで何となく使われてきた「情報」という言葉をはじめて科学的に定義し、数式や方程式で情報を扱えるようにした——これこそがシャノンの最大の業績と言えるでしょう。

それでは、シャノンが創り出した「情報の科学」とはいったい何なのか——それを理解するうえで、欠かせないキーワードがあります。それは「コード化」という言葉です。「コード」という言葉には、いろんな意味があります。符号、と訳される場合もあれば、略号、符丁と訳される場合もあります。符号、略号、符丁……これらの言葉に共通するのは、何かの情報を別の形に置き換えるというイメージです。また、多くの場合「コード化」とは、ある情報を短縮するという意味で使われます。

私たちは日常生活の中で、しょっちゅう「コード化」を行なっています。

たとえば、マクドナルドのことを「マック」、ケンタッキー・フライド・チキンのことを「ケンタ」と言うのもコード化の１つです。コンピュータの世界では$\underline{RAM}$（ラム）とか、$\underline{CPU}$（シービーユー）という言葉がしょっちゅう使われますが、これはランダム・

アクセス・メモリ（Random Access Memory）とかセントラル・プロセシング・ユニット（Central Processing Unit）という長たらしい言葉を頭文字だけに縮めたもので、これらも一種のコード化と言えるでしょう。

　簡単にするというだけがコード化の目的ではありません。第三者から聞かれたときに分からないようにするという目的から、コード化が行なわれることがあります。

　アメリカの警察では事件発生を無線で伝えるのに「コード234発生」などという言い方をします。そうしたシーンを、あなたも映画やTVのドラマで見たことがあるでしょう。「銃器を使った強盗殺人事件が発生」というのではあまりに長たらしいし、また無関係の人に聞かれては困るので、すべての犯罪を数字に置き換えて、つまりコード化して「コード234発生！」と通信しているというわけです。

コードに換えれば
楽になる！

　よく使われる言葉を短縮したり、置き換えることでコード化するということは、このように昔から行なわれていたわけですが、シャノンはそこからさらに踏みこんで「どうすれば、最も効率的にコード化できるのか」という理論を作りあげました。

　効率的にコード化するということを、分かりやすい例で説明してみましょう。

　ある町に、きわめつけにものぐさな電器屋さんがありました。この電器屋さんは、あまりにものぐさで、口を開いて話

すことさえ面倒くさいという人物です。とはいえ、商売は商売ですから、毎朝、電話をして卸業者にその日に必要な品の注文を出さなければなりません。「A社の単3アルカリ乾電池を1ケースと、B社の20Wの蛍光灯を3ケース、C社のビデオカセットを5箱」などといったぐあいです。

　ところが、こうした注文の電話はあまりにも長たらしくて面倒くさい。もっと簡単に注文を出せる方法はないものだろうか……ものぐさな店主は考えました。そこで、彼は自分のところで扱っているすべての商品に通し番号をつけることにしました。

　つまり、A社の単3乾電池には「187」という番号を、またB社の20Wの蛍光灯には「589」といったぐあいです。この商品番号リストを卸業者にもあらかじめ渡しておけば、毎日の注文のときに「187を3ケースと589を1ケースね」と言えばすみます。

　「われながら、これは便利な発明だ！」と電器屋さんは鼻高々です。

　もうお分かりでしょう。電器屋さんがやったことは、情報理論的に言えば、すべての商品をコード化したということになるわけです。

　しかし、ものぐさな店主はこの「新発明」だけでは満足しませんでした。「すべての商品に番号を打ったから、注文は楽になったけれども、もっともっと楽な方法はないだろうか」。

　そこで彼ははたと気がつきました。

　同じ商品でも、よくよく考えてみると、しょっちゅう補充しなければならないものと、めったに注文しないものとがある。たとえば、A社の電池は売れ行きがいいから、毎日のよ

うに注文をしなければなりません。一方、D社の電気スタンドはそれほど売れるものでもありません。彼は「注文する回数が違うのに、どれも同じ3桁の番号を当てはめているのは、おかしいじゃないか」と思いました。

そこで、店主はしょっちゅう注文する商品にはもっと小さな番号をつけることにしました。たとえば、一番よく売れる乾電池には「1」という番号を、またその次に売れているカセットテープには「2」というぐあいです。そうすれば、「187を3ケース」という代わりに「1を3ケース」と言うことができます。「これならば、2文字分楽ができるぞ」。ものぐさ店主は自分の思いつきにひとりニヤニヤしておりました……。

モールス符号はコード化の
お手本だ

しょっちゅう使われるコードには短いものを当て、それほど使わないものには長いコードを当てて、情報の伝達を効率化する——ものぐさ電器屋のオヤジさんは、情報理論で言うところの「効率的なコード化」を行なったことになります。情報をコード化するだけで、情報の伝達は効率的になるわけですが、それをさらに工夫すれば、もっと効率的になるのです。

こうした効率化を最も洗練した形で行なったものの代表が「モールス符号」（モールス信号）です。

モールス符号は今でこそあまり用いられることがなくなりましたが、電気通信の草創期から使われてきた情報伝達の方

法です。「トン」（短音）と「ツー」（長音）という2種類の信号の組み合わせで、文字（英語ならアルファベット、日本語ならカナ文字）を伝えるというのが、モールス符号です。これを発明したのはアメリカ人のモールスさんという人でしたが、ひじょうに簡単な仕掛けで、しかも確実に情報が伝えられるので、モールス符号は発明以来、今日に至るまで1世紀半以上も使われてきています。

　また、このモールス符号はひじょうにシンプルな仕組みですから、電信以外にも応用ができます。極端な話、転覆船の船底に閉じこめられたら、船底をトン、ツーと叩けば外にいる人に意思を伝えられますし、また無人島に漂着した場合なら鏡を使って、上空を飛ぶヘリコプターなどに光の点滅で連絡を取ることもできます。モールス符号はサバイバルにも有効です。

　さて、このモールス符号はもちろんシャノンの情報理論以前に作りあげられたものですが、その「コード化」はひじょうに合理的に行なわれています。

　英字のモールス符号を一覧表にしたのが**図2-1**（**P.63**）ですが、一見するとモールス符号の「トン」と「ツー」の組み合わせには、何の規則性もないように思われるでしょう。しかし、この「トン」と「ツー」の組み合わせ方はアルファベットの26文字を効率よく伝えるように工夫されているのです。

　というのも、一般的な英文の中で使われる文字には、とてもよく使われる文字と、あまり使われない文字があります。AからZの文字の中で、最も使われるのはEという文字、その次に使われるのがTという文字。反対に、ほとんど出てこないのがQやZといった文字です。

図2-1 モールス符号

```
A ・—            N —・            1 ・————
B —・・・         O ———           2 ・・———
C —・—・         P ・——・         3 ・・・——
D —・・           Q ——・—         4 ・・・・—
E ・               R ・—・           5 ・・・・・
F ・・—・         S ・・・           6 —・・・・
G ——・           T —                7 ——・・・
H ・・・・         U ・・—           8 ———・・
I ・・             V ・・・—         9 ————・
J ・———         W ・——           10 —————
K —・—           X —・・—
L ・—・・         Y —・——
M ——             Z ——・・
```

了解	・—・—・	可待	—・——・
誤びゅう	・・・・・・・・	通信終了	・・・—・—
可送	—・—	通信開始	—・—・—

さて、これらの字をモールス符号の表から探してみてください。どうです、気がつきましたか？

　そう、最もよく使われるEはたった1つの「トン」、Tはたった1つの「ツー」で表わされていますね。反対にQなどは「ツー・ツー・トン・ツー」と複雑になっています。

　つまり、モールス符号はしょっちゅう使われる文字を簡単な信号で扱うことによって、なるべく少ない手間で情報を伝えるように作られているわけです。モールス符号がいまだに活用されている理由には、こうした合理性も大いに関係しているのでしょう。

　ちなみに、日本語のモールス符号には、残念ながらこうした合理性はありません。

　モールス符号を最初に日本に伝えたのは、アメリカのペリー提督だったと言われていますが、それが日本語化されたのは明治2年（1869）のことです。かなり早い時期にモールス符号は日本でも使われるようになったのですが、この日本語化を担当した当時の工部省（今の経済産業省）の人たちはモールス符号の体系に、このような合理性が隠されているのに気がつきませんでした。そこでアルファベットそのままの順序でイロハを当てはめてしまったのです。

　ですから、日本語版のモールス符号では「ヘ」（アルファベットのEに当たる）が「トン」、「ム」（アルファベットのTに当たる）が「ツー」と決められてしまいました。あまり使われることのなさそうな「ム」などという文字が「ツー」なのですから、日本語のモールス符号は効率性とは縁のないものなのです。

　日本の近代化に対して、しばしば欧米の人たちは「哲学も思想もない、ただのサル真似だ」などという悪口を言うわけ

ですが、ことモールス符号に関するかぎり、残念ながらその批判は正しいと言わざるをえません。

情報の原子「ビット」

さて、シャノンは理論や数式を用いることで、情報を効率的にコード化するための方法を明らかにしたのですが、彼の研究はそれだけではありませんでした。彼は情報を科学的に分析していき、ついに「情報の基本単位」なるものを見つけたのです。

ご存じのように、物質の基本となるものは「原子」（アトム）です。あらゆる物質は原子から作られているわけですが（実際には、原子を構成している素粒子というものもあります）、情報の世界にも同じように最小の単位があるというわけです。

その最小の単位のことを「ビット bit」と呼びます。ビットとは、つまり「0」と「1」のこと。別の言い方で表現するならば、「ある」か「ない」かということです。シャノンは「ビットこそが、最も基本的な情報なのだ」ということを指摘しました。すなわち、世の中の、ありとあらゆる情報はビットの単位に分解できるということでもあります。

すべての情報は「ビット」に置き換えられる——このことを先ほどの電器屋さんの例で考えてみましょう。

あの、ものぐさな電器屋さんは自分の店にあるすべての商品に番号を割り当てる「コード化」を行ないました。よく売れる乾電池には「1」、B社の20Wの蛍光灯には「589」とい

第2章　65

う番号をつけたわけですが、このコード化された情報に使われているのは0から9までの10個の数字。つまり、電器屋さんは商品情報を10個の文字で表現することに成功したわけです。

これだけでも大したものですが、このコードをさらに簡略なものに変える方法があるのです。それは、すべての数字を「0」と「1」だけで表現するというやり方です。そうすれば、10個の数字を使わず、たった2つの文字だけで表わすことが可能になります。

普通の数を「0」と「1」に置き換える——このことを数学の世界では、10進数を2進数に換えると呼びます。

私たちの使っている数字の書き方では、9に1を足すと桁が繰り上がって10となります。こういう数字の表わし方を10進数と呼びますが、0と1しか使えない2進数では、1の次、つまり2が「10」になります。10進数の「3」は2進数では「11」、10進数の「4」は2進数では「100」、10進数の「5」は「101」となります（**図2-2 P.67**）。

そこで、この方法を先ほどの電器屋の注文番号に当てはめてみると、20Wの蛍光灯「ナンバー589」は2進数で「1001001101」ということになります。

10進数なら「589」で済むのに、どうして「1001001101」なんて長たらしい2進数で言わなければならないの!?　と思われる方もあるでしょう。しかし、それは私たちが子どものころから10進数の世界に慣れているからそう思うだけのこと。数字を表わすのに10進数である必然性はないのです。

0から9まで10個の数字を操るよりも、0と1の2つだけのほうが、ずっとシンプルで簡単だと思いませんか。そうすれば「1（いち）」と「7（しち）」、「8（はち）」がごっち

図2-2　10進数を2進数に

10進数	2進数	10進数	2進数
0	0000	5	0101
1	0001	6	0110
2	0010	7	0111
3	0011	8	1000
4	0100	9	1001

ゃになるなんて、「しち面倒くさい」ことだって、起きません。もし、宇宙のどこかに2進数の文明を持った宇宙人がいて、地球のことを知ったら「地球人はなんてややこしい数学をやっているのだろう」と同情することでしょう。「数字を表記するのに、10個も文字を使い分けるなんて！　1と0だけのほうが、絶対簡単だよ」というわけです。

　余談はさておき、2進数を使えば、商品の情報はたった2つの文字、つまり1と0だけでコード化できます。それが人間の頭になじむかどうか別として、「B社の20Wの蛍光灯」と言う代わりに「1001001101」と表現することができたわけです。これがシャノンの言う「情報はビットの単位にまで分解できる」という話であるのです。

デジタルとアナログ

　さて、シャノンは情報の最小単位として「ビット」というアイデアを考え出したわけですが、彼の考えの画期的な点は、ビットの単位にまでコード化できるのは、数字だけではないとしたところです。

　文字、音、映像といった情報もビットにすることができます。いや、そればかりではありません。空気の温度や天体の運動といった物理的な変化……この世の中にあるすべての情報が0と1とで表現できるというのです。

　実は、このシャノンのアイデアこそが、現在のコンピュータ社会、そして情報化社会の原点になっています。

　みなさんは、アナログとデジタルという言葉を聞いたことがあるでしょう。実は、この2つの単語もシャノンの情報理論を基にして生まれた言葉です。

　ごくごく簡単に定義すれば、アナログというのはコード化されていない情報、デジタルというのはコード化された情報という意味です。音楽で言えば、生の演奏やそれを録音したカセット・テープやレコードに入っているのはアナログの情報です。一方、それをビットの単位にまで分解して記録したのが、CDやMDのデジタル録音です。

　コード化されていない、アナログ情報の最も大きな特徴は連続性があって、切れ目がないという点にあります。一方、デジタルというのは不連続で、飛び飛びになっています。

　それが最も分かりやすいのは時計でしょう。昔ながらのアナログ時計の長針や短針はなめらかに文字盤の上を回ってい

図2-3　サンプリングと量子化

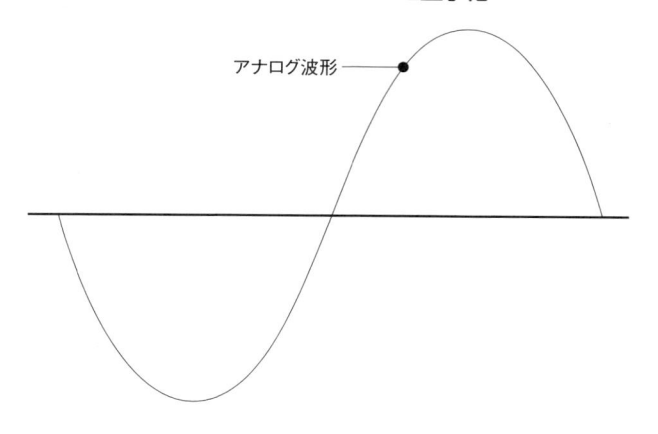

アナログ波形

▼ デジタル化（サンプリング、量子化）

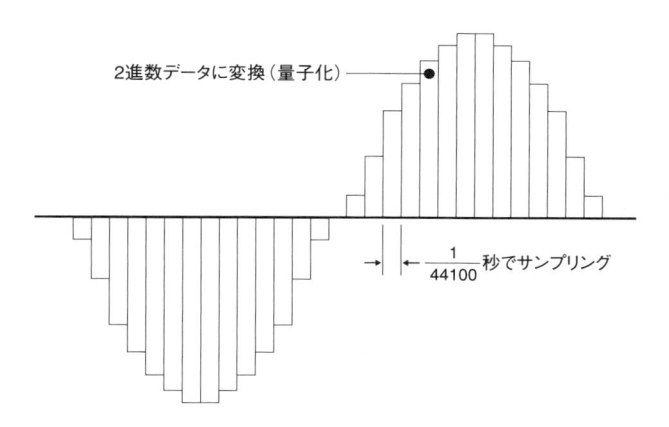

2進数データに変換（量子化）

$\dfrac{1}{44100}$秒でサンプリング

て、動きに連続性があります。一方、デジタル式の時計は12時ちょうどから、いきなり12時01分に表示が変わります。0分と1分との間にも、15秒、16秒、17秒…と時刻は移っているはずなのですが、それはデジタル時計では分かりません。これがデジタル情報の特質です。

これは音の記録にしても同じことです。アナログのレコードの場合、音の情報はレコード盤に刻みこまれた1本の溝に移し替えられていて、その溝をレコード針がなぞることで音を再生しています。レコードの音の情報は切れ目がなく、連続しているわけです。

これに対して、CDやMDの場合、実は音が連続していません。CD録音の場合、まず最初に連続した音のつながりを44.1 KHz、つまり44100分の1秒ごとに分割します(この作業を「サンプリング=標本化」と言います)。そして次に、その分割された音の情報、もっと正確に言えば、音圧の高さをビットの形にコード化しているのです(これを「量子化」と言います。図2-3 P.69)。

ですから、CDには音の波形そのものは記録されていません。CDに記録されているのは、アナログの音をこまぎれにしてビット化した情報だけなのです。言ってみれば、CDの録音とは音を「ぶつ切り」にしたものだったのです。

ちなみに、音の情報をサンプリングする場合、音の情報をできるだけ小さく分割したほうが、理論的には、より原音に忠実にデジタル化できることになります。やや専門的になりますが、「標本化定理」という理論によれば、44.1KHz というレートでサンプリングした場合、その半分、つまりおよそ20KHz までの高音が正確に再現されます。このサンプリングのレートを上げれば上げるほど、つまり、より小さく分割

すればするほど、記録できる音の高さは高くなるのです。しかし、人間の耳に聞こえるのはだいたい20KHzまでとされているので、これで十分というわけです。

シャノンは「すべての情報はビットにコード化できる」と言ったわけですが、ＣＤはまさにその代表的な例と言えるでしょう。音楽のようなアナログの情報も、それを標本化し、量子化することで０と１の２進数に変えることができます。

絵や写真のような視覚情報も、同じようにビットにすることが可能です。具体的にいえば、まずデジタル化したい絵や写真を細かい升目に分割します（標本化）。そして、次にこの小さな升目１つずつを取り出して、その中に入っている色を読みこみ、あらかじめ決めておいた対応表にしたがって、その色を数値に置き換えるというわけです（量子化）。そうすれば、１枚の絵も単なる数字情報の羅列にコード化することができるのです。

ちなみに、読者の中には「そんな方法で印象派絵画の微妙な色使いが再現できるのだろうか」と疑う人もあるかもしれません。

たしかにデジタルである以上、色の情報もどこかで四捨五入されたり、切り捨てられているわけですが、今のデジタル画像処理はまんまと人間の目をごまかせるほどのレベルにまで達しています。一般のパーソナル・コンピュータで表示できる色の数は、なんと最大で1677万色。さらに色の数を増やすことも技術的には可能なのですが、「これ以上、色数を増やしても、人間の目にはその差が区別できない」というのが定説です。つまり、色の数という点で見た場合、ほぼ現在の技術は極限にまで達していると言ってもいいわけです。

なぜ、デジタル情報のほうが便利なのか

　ここまで見てきたように、絵や音の情報をデジタル化するときには、標本化や量子化という作業がともないます。元になる情報をこまぎれにし、そのこまぎれの情報に数値を当てはめているわけですから、オリジナルのアナログ情報に完全に忠実というわけではありません。現在のデジタル化技術は、相当高度になり、オリジナルと区別ができないほどのものが作れるようになったわけですが、どこまで行ってもデジタルはデジタルです。「それならデジタルよりも、やっぱりアナログのほうがいいのではないか」と思う方もあるかもしれません。

　しかし、デジタル化された情報にはアナログにはない大きな利点があります。

　それはアナログ情報の場合、伝える際に、情報が劣化しがちであるのに対して、デジタルはなかなか劣化しにくいという点です。

　アナログ情報は劣化しやすいという話を、人間の言葉で考えてみましょう。

　私たち人間は主として言語を使ってコミュニケーションをしていますが、ひとくちに言葉と言っても、2種類あります。それは口で話す言葉と、文字で伝える言葉です。

　口頭で話す言葉は音声ですから、アナログ情報です。これに対して、その話の内容を文字に置き換えると、これは一種のデジタル情報と言えるでしょう。つまり、文字という符号を使って情報の中身をコード化しているわけです。

さて、同じメッセージを伝える際、口頭で相手に伝えるのと、それを文字に書き写したものを渡すのとでは、どちらが正確に伝わるでしょう。

　答えは言うまでもありません。文字で伝えるほうが、より正しく相手にメッセージ、すなわち情報を伝達することができます。

　伝言ゲームをご存じでしょう。10人くらいの人が集まって、順番に1つのメッセージを口伝えで渡していく。そうすると最後の人に達する頃には、似ても似つかぬ言葉に変わってしまう——こんなことが起きるのも、会話で伝わる音声の情報がアナログであるからです。正しく伝えているつもりでも、雑音が入ったり、聞き取りにくかったりするためにうまく伝わらなくなる、これが情報の劣化です。

　しかし、もし同じ伝言ゲームを紙に書いた文字でやったら、おそらく最後までかなり正しく伝わるはずです。

　文字はデジタルな情報ですから、伝達の途中で劣化しにくいのです。途中に悪筆の人がいたとしても、文字は文字だから、どんなに乱暴な字であっても読むことさえできれば、次の人に正しい情報を伝えられます。また、文字を書いた紙がくしゃくしゃであったり、汚れていても、文字そのものが読みとれれば情報伝達には問題ありません。だからメッセージはかなり正しく伝わるというわけです。

　ビデオや音楽テープをダビングすると、ダビングするたびに音質や画質が悪くなるというのも、同じことです。

　普通のビデオ・テープやカセット・テープはアナログなので、ダビングをすると雑音が加わったり、あるいは絵や音を伝える情報の波形が歪んで、劣化します。放送局や専門の音楽スタジオで、デジタル式のビデオや録音装置がよく使われ

ているのは、編集を繰り返しても情報が劣化しにくいためなのです。

それらのデジタル機器では映像や音楽の情報が0と1という単純な形式でコード化されているので、ダビングの途中で多少雑音が入ってきて信号が汚くなったり歪んでも、元のデータを正しく読みこむことさえできれば情報の質が悪くならないというわけです。

生命もデジタルだ！

ところで、ともすると私たちはアナログは有機的でナチュラルなもの、デジタルは無機的で人工的なものと考えがちです。ところが人類が生まれるずっと前からデジタル情報はあったのです。

そのデジタル情報とはDNA、すなわち遺伝子です。

ご存じのように私たちの身体の仕組みはDNAの遺伝情報によって決められています。親から受け継いだ遺伝の情報がDNAの中に刻みこまれ、その情報に従って私たちは生きているわけですが、このDNAの情報はまさにデジタルなのです。

といってもDNAの場合は、それは0と1の2進数ではありません。生命の遺伝情報は4つのコードで記された、いうなれば「4進法」になっています。

DNAは多数の塩基が結びついてできた高分子の物質ですが、その塩基は4種類しかありません。アデニン（A）、シトシン（C）、グアニン（G）、チミン（T）と呼ばれるもの

がそれで、これらが線状に結びついてDNAは作られています。実は、この4種類の塩基の並び方こそが遺伝情報の正体なのです。

　もう少し詳しく説明をすれば、生命の遺伝情報はDNAの鎖の上に並んだ塩基3個を1セットとしています。この3個の塩基のセットを「トリプレット・コドン」というのですが、1つのコドン情報から1つのアミノ酸が作られ、そのアミノ酸がDNAに記された順番に組み合わさることで、身体を作るタンパク質や、生命の維持に欠かせない酵素が作り出されていくわけです。

　4種類ある塩基が3つ組み合わさってコドンになるのですから、コドンの種類は全部で4×4×4＝64種類あります。そのうち61種のコドンは、20種類のアミノ酸のどれか1つに対応しています。そして残り3種のコドンは、「遺伝データはここで終わり」という目印に使われています（**図2-4 P.76・77**）。

　すべての情報はデジタル化できる。それは複雑多岐に見える生命の情報においても例外ではないのです。私たちの命をデジタルなコードに換えたもの、それがDNAだったわけです。

　それにしても遺伝の情報をデジタル化して子孫に伝えるというメカニズムは、情報理論から見ても優れたものです。すでに述べたようにアナログ情報と違って、デジタルの情報は伝達の途中で情報が劣化する危険が小さくなっています。

　遺伝子がほんの少し間違って伝われば、それは生命にとって重大なダメージになるのですから、遺伝情報はデジタルでなければならないのです。地球上に生命が誕生したのは今から数十億年前と言われますが、その長い年月の間、生命が死

図2-4　生命のデジタル情報・DNA

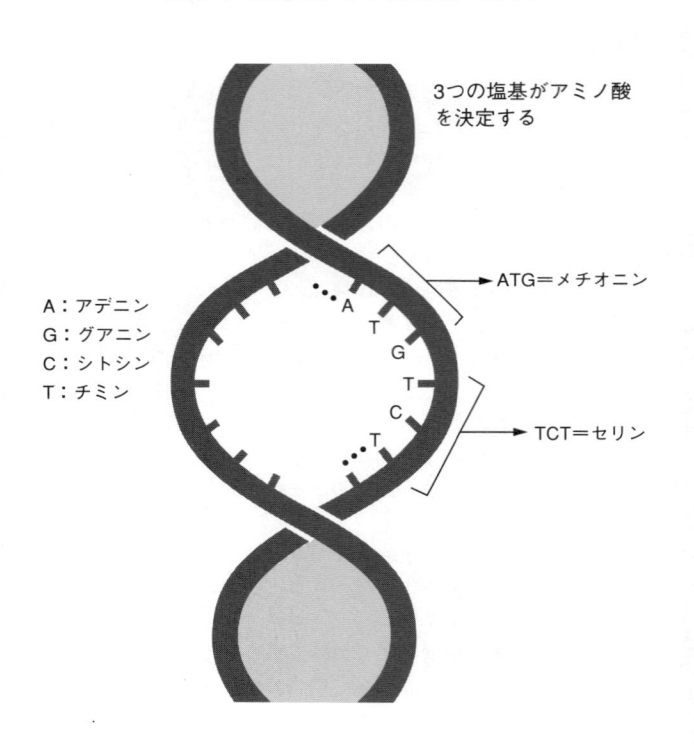

3つの塩基がアミノ酸を決定する

A：アデニン
G：グアニン
C：シトシン
T：チミン

ATG＝メチオニン

TCT＝セリン

トリプレット・コドンの「解読表」

第1文字	第2文字				第3文字
	T	**C**	**A**	**G**	
T	Phe	Ser	Tyr	Cys	**T**
	Phe	Ser	Tyr	Cys	**C**
	Leu	Ser	Stop	Stop	**A**
	Leu	Ser	Stop	Trp	**G**
C	Leu	Pro	His	Arg	**T**
	Leu	Pro	His	Arg	**C**
	Leu	Pro	Gln	Arg	**A**
	Leu	Pro	Gln	Arg	**G**
A	Ile	Thr	Asn	Ser	**T**
	Ile	Thr	Asn	Ser	**C**
	Ile	Thr	Lys	Arg	**A**
	Met(S)	Thr	Lys	Arg	**G**
G	Val	Ala	Asp	Gly	**T**
	Val	Ala	Asp	Gly	**C**
	Val	Ala	Glu	Gly	**A**
	Val(S)	Ala	Glu	Gly	**G**

略号一覧

Phe	フェニルアラニン	Gln	グルタミン
Leu	ロイシン	Asn	アスパラギン
Ile	イソロイシン	Lys	リジン
Met	メチオニン	Asp	アスパラギン酸
Val	バリン	Glu	グルタミン酸
Ser	セリン	Cys	システイン
Pro	プロリン	Trp	トリプトファン
Thr	トレオニン	Arg	アルギニン
Ala	アラニン	Gly	グリシン
Tyr	チロシン	S	遺伝子先頭
His	ヒスチジン	Stop	遺伝子終り

に絶えず、それどころか人類を創り出すまでに至ったのは、デジタルな遺伝子があったからこそだと言えるでしょう。大いなる自然は情報理論の本質を、途方もない昔から知っていたのです。

情報理論で、コンピュータは変身した

　ここでシャノンに話を戻しましょう。

　彼の情報理論のおかげで私たちはいろんな情報をデジタル化することができるようになりました。それだけでもシャノン理論の重要性はお分かりいただけると思いますが、実は情報をデジタル化するということの利点は、単に情報を劣化させないということだけではありません。というよりも、もっともっと重要なことがあるのです。

　ここまでみなさんは、映像や音がどのようにしてビット化されるかを学んできました。どんなアナログ情報であっても、それをデジタル処理してやれば、0と1の形で表わせるようになるということです。

　0と1に変えることができるのは、もちろん文字も同じです。たとえばアルファベット26文字をビットにしたければ、それぞれの文字に数字を割り振ればよいわけです。つまり、Aは1、Bは2、Cは3……最後のZは26ということに決め、さらにこの10進数を2進数に変えてやれば、アルファベットはすべて0と1に変えられるというわけです。日本語をビットに変えるのも同じことです。ひらがな、カタカナ、漢字をまず順番に並べ、それに10進数で番号を振っていく。そして

それを次に2進数にすれば日本語もビット化することができるというものです。

　文字、画像、音……シャノンは「この世の中のありとあらゆる情報は、0と1に変えられる」と宣言したわけですが、これは別の角度から見れば、世の中のすべての情報はデジタル化することで、みな同じ形になるという意味でもあります。つまり、それが音であろうが、文字であろうが、あるいは絵であろうが、どんなものも0と1になってしまう。つまり、すべての情報が同列に並ぶということなのです。

　実は、この発見こそが今日のコンピュータの爆発的発展を産み出したものなのです。

　シャノンが情報をデジタル化する前には、音、絵、文字を伝えたり記録するためには別々の装置が必要でした。たとえば、音を伝えるには電話やレコード、絵を伝えるために映画やTV、また文字を伝えるためには電信や活字といったぐあいに、情報の種類ごとに別々の道具や機械が必要だったのです。

　ところが、その情報がすべて0と1の数字の羅列に変わったら……そうです。どんな情報も1つの道具、機械で扱えることができるようになるというわけです。音も映像も文字も、はたまた気象情報も交通情報も、みんな0と1にしてやれば、同じ仕掛けが使えるようになるということではありませんか。

　では、その0と1とを扱える「道具」とは何でしょうか。

　答えはお分かりでしょう。そうです。コンピュータです。

　このことは次の章で詳しく触れますが、コンピュータは計算を行なう際に数値をすべて0と1の2進数に変えて扱います。つまり0と1のデジタル処理をするのが得意な機械だったわけです。

　コンピュータを万能計算機として使っているのはもったい

ない。この道具は万能情報マシーンとして使うことができる！——1948年に発表したシャノンの情報理論は、このことを高らかに宣言しています。電子計算機を「コンピュータ」に変えた男、それがクロード・シャノンなのです。

コンピュータは
「不器用な機械」だ

　シャノン理論によって、コンピュータは計算機から「情報を処理する道具」になりました。たった1つのコンピュータがあれば、音楽も映像も文字も処理することができる。いわゆるマルチメディアの技術はシャノンの理論が基盤になっているわけです。

　コンピュータが扱える情報は、音や映像などばかりではありません。熱やスピードといった物理的な情報も扱えます。だから、エアコンにコンピュータを応用すれば、部屋の温度や湿度をコントロールすることもできるようになります。また飛行機にコンピュータを応用すれば、自動操縦ができるわけです。

　複雑多岐に見えるコンピュータですが、実はコンピュータのできる仕事はただ1つしかありません。入ってきた情報を内部で処理し、処理済みの情報を外に吐き出す——コンピュータがやっているのは、要するにこれだけなのです。これを専門用語を使って言えば、「入力」「処理」「出力」ということになります。コンピュータの働きは、結局、この3ステップに集約できるのです。

　考えようによっては、コンピュータほどシンプルで不器用

な道具はありません。何しろ、コンピュータができるのは情報の処理だけです。
　しかし、だからこそコンピュータはこれだけ普及したのです。
　どんな情報であっても、それを0と1の形にしてコンピュータは処理してしまう。そして、この世の中には情報があふれかえっているのですから、コンピュータはどこにでも入りこめるというわけです。
　私は「コンピュータは無色透明の道具である」としばしば書いてきましたが、コンピュータが無色透明になれた秘密も、実はここにあるのです。

情報処理って何だろう

　ところで、コンピュータの行なっている情報処理は、大きく分ければ3種類に分類できます。それは「加工」「蓄積・検索」「伝達」です。
　といっても、コンピュータが登場する前から情報は存在しました。だから情報の処理は何もコンピュータの専売特許ではありません。コンピュータ登場前は、それを人間が手仕事で行なっていたわけです。
　そこでコンピュータの行なっている情報処理を理解するために、同じことがコンピュータ以前は、どのように行なわれていたかもあわせて説明していきたいと思います。
○情報の加工
　1964年に開かれた東京オリンピックは、情報処理が手仕事

からコンピュータに移行しつつあった時期に開かれた最初のオリンピックでもあります。

　それまでのオリンピックでは、競技の成績や記録はほとんど手作業か、よくて手回し式の計算機で集計されていましたが、東京オリンピックではじめて競技の記録処理をコンピュータが行なうようになったのです。

　実は、それまでのオリンピックでは全競技の記録整理が終わるのは、大会終了後何ヶ月も経ったころでした。そんな馬鹿な！　と思われるかもしれませんが、ひとくちに集計するといってもそれは単純なことではありません。

　たとえば100メートル競走の競技記録をまとめるだけでも、いろんな作業が必要です。もちろん中心になるデータは、各選手が100メートルを何秒で走ったかという記録ですが、これにしても予選からすべてのデータとなれば、参加者は延べ人数にして軽く100人を超えます。その成績を速い順に並べ替えてランキング表を作るわけですが、そのランキング表にしても、予選各レースの一覧、決勝戦の一覧、さらに予選と決勝を合わせたトータルの表も作る必要があります。また、そのランキングには出身選手の名前ばかりでなく、その人の出身国、自己記録、あるいは予選での成績を書き移していかねばなりません。また、その表それぞれに「100メートル決勝」といった標題を付ける必要があります。

　100メートル走の記録を処理することだけをみても、そこにはいくつもの作業があることが分かるでしょう。並べ替え、集計、計算……これらの操作がまさに情報の加工に当たります。また、そうして作った一覧表にラベルを付けたり、それをグラフで表示するといった、情報を見やすくするための操作も情報の加工に入ります。

情報の加工

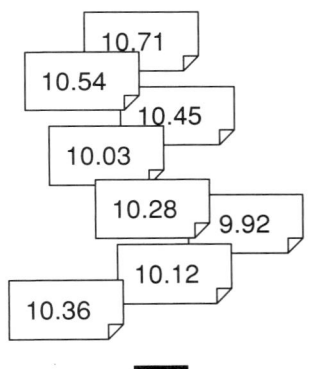

	男子100m決勝	
1	Abc Defg	10.71
2	Bcde Fghi	10.54
3	Cdef Ghijk	10.45
4	Defg Hijklm	10.03
5	Efgh Ijklm	10.28
6	Fghij Klmn	9.92
7	Ghijk Lmno	10.12
8	Hijkl Mnop	10.36

コンピュータを使えば、こうした情報の加工が手仕事よりもずっと早く片づくのは言うまでもありません。データの並べ替えや計算は、コンピュータにとって朝飯前の作業と言えます。
　コンピュータが行なっている情報の加工は、それだけにとどまりません。一例を挙げれば、ＣＧを作るというのも情報の加工です。巨大宇宙船の映像を作る場合、まず宇宙船のサイズや形といった数値データをコンピュータに入力します。するとコンピュータがその情報を加工し、映像情報に作り替えるわけです。
　また、エアコンの中に組みこまれているコンピュータが室温を調整するというのも、情報の加工の一種です。
　エアコンに入っているセンサー（感知器）が部屋の温度や湿度を測定し、そのデータをコンピュータに送る。すると室温調整のコンピュータは、あらかじめ定められた手順（これをプログラムと言います）に基づいてそのデータを処理し、室温を上げるべきか下げるべきかを判断します。そしてその判断結果からコンピュータはエアコンのモータに命令を発し、温度を下げたり、上げたりする――温度や湿度という情報がコンピュータの内部で処理された結果、モータへの命令という形に変わるのですから、これも情報の加工というわけです。
　情報の加工とは、生のデータを加工し、それを意味ある情報に変えるということです。生のデータはそれなりに貴重ですが、並べ替えたり、あるいは集約、計算することで情報の価値はさらに高まります。そのためのツールとしてコンピュータはとても役に立つのです。

情報は集まると
パワーになる！

○情報の蓄積・検索

　世の中に満ちあふれている情報（生のデータ）を加工すると、情報の価値が増すわけですが、そうして加工された情報が蓄積されていくことで情報の価値はさらに大きなものになっていきます。

　そのことを本を例にとって考えてみましょう。

　本、つまり書物は1つのテーマに関するデータが著者によって集約、整理されたものと考えることができます。

　たとえば本書は、コンピュータ学に関するさまざまな情報が、私（坂村）なりの考えにしたがって整理・配列されています。さらに、その章ごとにタイトルを付けたり、あるいは小見出しを加え、さらに注釈を加えていき、情報が見やすく処理されているわけです。つまり、私の頭の中にあったコンピュータ学の知識や情報が加工されることによって、より価値のあるものに変わったということになるでしょう。この観点から見たとき、本というのは情報の加工物であると定義することができます。

　さて、この情報の加工物たる本はそれだけでも価値があるわけですが、何冊も集まると、その価値はさらに増えます。本書を読んでいるときに、あなたがシャノンという人物に興味を持ったとします。そこで次はシャノンの生涯を扱った伝記を読む。そうすると、今度はシャノンの情報理論について知りたくなったので、情報理論の入門書を買って読む……こうしていろんな本を読むことによって、あなたの知識はさらに深

まり、場合によっては情報理論の専門家にまでなれるかもしれません。関連した本を何冊も読み、情報を蓄積することで1冊の本では得られなかった知識を身に付けられるわけです。

　さまざまな本を集めることで、情報の質をさらに上げようとして考え出されたのが図書館です。哲学、科学、小説、美術書……といったさまざまなジャンルの本が収められている図書館を上手に利用すれば、いながらにして幅広い、そして深い知識を得ることができます。紀元前7世紀のアッシリアにはすでに公立図書館が作られていたと言います。情報を1ヶ所に蓄積することの重要さを、古代の人々も分かっていたわけです。

　しかしひとくちに図書館を作ると言っても、それは簡単なことではありません。10冊や20冊ならともかく、何千冊、何万冊もの本ともなれば、それを使いやすく整理しておかねば、何の意味もありません。せっかく役に立つ本があっても、本が多すぎるために見つけられないのでは、何もないのと一緒です。

　そこで大事になってくるのが検索です。図書館の例で言えば、それぞれの本に分類コードを当てはめ、背表紙にラベルを貼り、その順番に棚に並べていく。また同時に、蔵書カードを作り、書庫を走り回らなくても、目当ての本が簡単に探し出せるようにする。こうした情報探し（検索）の準備を日頃から行なっていなければ、せっかくのコレクションも何の価値もなくなってしまいます。つまり、情報の蓄積と検索とはワンセットなのです。

　こうした情報の蓄積と検索は、コンピュータにとってはお手の物です。書物を書物のまま蓄積していくには広い場所が必要ですが、いったんそれをデジタル化してしまえば、スペ

ースはそれほど必要としません。図書館で本を探す場合、自分の足で書庫の中を歩かなければなりませんでしたが、本の内容もデジタル化してしまえば、端末のキーを叩くだけで、たちどころに答えが分かります。

こうしたデジタル図書館はすでにアメリカなどで実験が行なわれています。たとえば「プロジェクト・グーテンベルク（グーテンベルク計画）」では、主たる英文学の古典作品をデジタル化し、インターネットで簡単に利用できるようにしています。これを使えば図書館に行かなくても、自分のパソコンでシェイクスピアもサマセット・モームも読むことができるし、またコンピュータの検索機能を使えば、『ロミオとジュリエット』の中で何回「Love（愛）」という単語が出てくるかも簡単に調べられます。

また、アメリカの歴史と文化に関する文書や書物、写真などを手当たりしだいデータベース化しようという途方もない試みも行なわれています。「アメリカン・メモリー」というプロジェクトがそれで、アメリカ独立宣言やホワイトハウスの公文書から大リーグ選手の顔写真、ジャズの歴史まで、ありとあらゆるものをデジタル化しようというのです。従来の図書館ではとうてい考えられもしなかったことですが、こんなこともコンピュータの力を借りれば不可能ではなくなったのです。

通信革命もコンピュータが作った

○情報の伝達

情報がきちんと加工され、整理されてあっても、実はそれ

だけでは不十分です。その情報を必要とする人の手元になければ、どんな情報も無価値です。たとえば自分の読みたい本が図書館にあったとしても、その図書館が外国にあるというのでは役に立ちません。現代は昔に比べれば、旅行も便利になり、外国にも比較的安い運賃で行くことができます。しかし、それでもやはり不便であるのには変わりません。

そこで大事になってくるのは、情報をいかにして早く、正確に伝達するかという問題です。のろしや太鼓を使った通信方法が古代から工夫されていたように、遠くの情報をそこに行かずして手に入れたいというのは、昔からの人間の願いでした。

ことに情報の入手が一分一秒を争うような株の情報については、昔からつねに最新の通信手段を駆使してきました。

1815年、ナポレオン率(ひき)いるフランス軍とイギリス・プロイセンの連合軍がベルギー中部のワーテルローで戦ったとき、欧州随一の財閥だったロンドンのロスチャイルド家はこの戦いの勝敗を独自の情報網でキャッチしました。

といっても、もちろんこの時代にはまだ電信は発明されていません。一説によれば、ワーテルローにいたロスチャイルドの情報部員が近くの港まで馬で走り、そこから船をロンドンまで急行させて、イギリス勝利の第一報を伝えたと言います。その情報を誰よりも早くつかんだロスチャイルドはイギリスの証券市場で莫(ばく)大(だい)な利益を手にしました。情報の伝達においては正確さと同時にスピードが大事になってくるという好例でしょう。

情報の伝達に変化が起きはじめたのは、つい100年前のことです。それまでの通信手段はロスチャイルドの例で分かるように、せいぜい馬を使ってメッセージを伝えるのが<u>最も早</u>

く、確実な手段だったわけです。

19世紀に入って電信が開発され、無線が発明されたことで情報伝達のスピードは急速に進歩しました。その後もテレックスや電話、あるいはファックスが開発され、情報は瞬時にして伝わるようになったわけです。

しかし、情報伝達に本当の革命を起こしたのは、やはりコンピュータが発明されてからです。

すべての情報をデジタル化し、通信回線や無線にその情報を載せれば、文字ばかりでなく絵も音も同時に伝達できるようになったのです。

コンピュータの力は単に情報の加工や蓄積・検索だけにとどまりません。コンピュータを利用することで情報伝達も大きく進歩したわけです。エベレストの頂上からでも衛星経由で携帯電話がかけられるのも、また東京にいながらにして、ニューヨークやロンドンの流行をインターネットで知ることができるのも、すべて「情報を処理する道具」コンピュータが働いてくれているおかげなのです。

コンピュータ、情報なければ
「ただの箱」

コンピュータは情報の加工、蓄積・検索、そして伝達——こうした情報処理をするのがひじょうに得意なマシーンです。コンピュータはどんな情報でも処理できるばかりか、情報処理のすべての分野で働くことができる。それがコンピュータがこれだけ発達し、普及した原因です。

しかし、コンピュータがすごいと言っても、しょせんコン

ピュータは情報を処理するだけの道具。それ以上のことは何もできません。

　先ほども述べたように、コンピュータが行なっている情報処理の働きにはたった３つのステップしかありません。すなわち、「入力」「処理」「出力」がそれで、どんなに高性能のコンピュータであっても同じです。

　そして、この３ステップのうちで、何が最も大事か——それは入力です。コンピュータは入力される情報があって、はじめて働くことができます。データが入力されなければ、コンピュータはただの箱です。

　では、どんなデータでもいいから、とりあえずデータをコンピュータに入力してやればいいかと言えば、そういうわけでもありません。

　コンピュータの世界には昔から「GIGO」という言葉があります。

　これは「ガベージ・イン、ガベージ・アウト Garbage In, Garbage Out」の略語で、「屑を入れれば、屑が出てくる」という意味です。つまり、ろくでもないデータを入れれば、ろくでもない結果しか出てこないという戒めです。

「コンピュータさえ買えば、何でもできる」というのは嘘っぱちだと私は前に書いたわけですが、それはこのことと関係しています。つまり、コンピュータというのは「入力」があってはじめて仕事ができるわけで、人間が何かデータを入れないかぎり、コンピュータは何もしてくれません。またそこから出てくる「出力」の結果も、入れたデータに左右されるということです。

　せっかく高価なパーソナル・コンピュータを買っても、価値のないデータを投げ入れているのでは、素晴らしい結果が

出てくるわけはありません。コンピュータはゴミ屑をダイアモンドに変えてくれる魔法の機械ではないのです。

　もし、あなたがパーソナル・コンピュータに興味があって、使ってみたいと思われるのであれば、まず考えてもらいたいのは、いったい自分はコンピュータで何がしたいのか、ということです。別の言い方をすれば、自分だったらどんなデータをコンピュータに入れ、どんな情報処理をさせたいのかということです。そこがいい加減なままコンピュータを操作しても、結果は「ＧＩＧＯ」です。

　コンピュータは情報処理のスーパー・ツールです。しかし、言い古された言葉ですが、道具を使うのは、やはり人間。それを忘れたら、コンピュータは何の役にも立たないばかりか、かえって無用な混乱を引き起こします。そのことをこの章の終わりで、ぜひ強調しておきたいと思います。

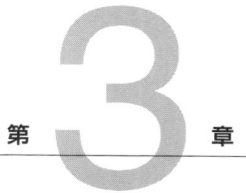

第 **3** 章

戦争が
コンピュータを作った

人類文明を変えた道具、コンピュータ。
このスーパー・ツールは
戦争が産み出し、育てたものだったのです。
世界最初のコンピュータ
「エニアック」を作った男たちの物語を
ひもといてみましょう。

なぜ、機械式計算機は「失敗」した？

　前章で私は「最初、コンピュータは計算機として作られた。それが汎用情報処理マシーンとして使われるようになったのは、シャノンの情報理論があったからだ」と記しました。シャノンの情報理論ですべての情報が0と1とで表現できるようになったのですが、それを処理するツールとして、同じように0と1の2進数で計算を行なっている電子計算機が転用可能だったというわけです。

　では、コンピュータの中では、いったい0と1というデジタル情報をどのように処理しているのか——このことを本章では解き明かしていきたいと思うのですが、それにはまず「電子計算機としてのコンピュータがどのようにして生まれたのか」を知ることが重要だし、話も分かりやすくなります。

　むずかしい計算、大量の計算を人間の手仕事で行なうのではなく、機械にやらせたいという欲望はかなり昔からありました。どんなに丁寧に計算しても、人間は完璧ではありませんから、計算ミスが生じがちです。それを歯車などのメカニズムを使って機械仕掛けにしてしまえば、間違いも減るだろうと考えたわけです。そこで、さまざまな人が機械式計算機を試みてきました。その中にはパスカルやライプニッツという優れた学者たちもいます。

　しかし、結論から言えば、その試みはあまり成功しませんでした。

　というのも、そうした機械式計算機は構造が複雑になってしまうからです。

その理由は簡単です。それは10進数をベースにしていたためです。1、2、3、4……ときて、9の次は繰り上がって10になる。この10進数は人間にとってはなじみ深いものですが、これをそのまま機械に当てはめるというのは大変です。
　整数の足し算、引き算ぐらいならまだしも、かけ算にわり算、さらに微分・積分という複雑な計算を歯車でさせるには、まず歯車の工作精度が高くなければなりません。少しでも歯車が歪んでいると、とちゅうで歯車どうしがかみ合って動かなくなってしまうからです。また、たくさんの歯車を上手に組み合わせて、きちんと動くように設計するにはよほどの才能が必要です。
　ですから、コンピュータ登場前に使われていた計算機は、せいぜい「機械式ソロバン」程度のもので、計算するときにはハンドルを手で回して歯車を動かさねばなりませんでしたし、計算も簡単な四則演算（足す、引く、かける、わる）ぐらいしかできませんでした。
　19世紀の産業革命の時代、イギリスで超高性能の機械式計算機を作ろうとした人がいました。
　ケンブリッジ大学の数学教授で、ひじょうな才人として知られていたチャールズ・バベッジ（Charles Babbage）という人物です。
　彼は当時、世界の最先端を行っていたイギリスの科学力と技術力をもってすれば、複雑な計算ができる機械式計算機が作れると考えました。その機械の名前を「階差機関（ディファレンシャル・エンジン）」と言います。
　銀行家の子息で、財産家であった彼は私財をなげうち、この階差機関の設計と組立に乗り出しました。この計画には、イギリス政府も多くの資金提供をすることになりました。ま

さに階差機関の開発は国家的なプロジェクトであったわけです。ところが、潤沢な資金とバベッジの天才をもってしても、とうとうこの階差機関は完成しませんでした。結局、彼の優れたアイデアを活かす技術力が当時のイギリスにもなかったのです。

しかし、かりに彼の階差機関が無事、完成していたとしても、それが普及していたかは大いに疑問です。20世紀に入って、バベッジの設計図に基づいて階差機関が再現されたのですが、それは4000個の部品からなる化け物のような機械で、しかも重さは3トンもあるという代物です。これでは持ち運びはもちろんのこと、壊れたからと言って簡単に修理することもできません。

バベッジのアイデアは、現在のコンピュータの先駆けとも言えるほど優れたものでしたが、実用性とはほど遠いものであったわけです。

コンピュータは戦争の申し子だった

バベッジ以後も、機械式計算機はそれほどの発展をしませんでした。というのも、階差機関の例で分かるように、機械式の場合、より高性能の計算機を作ろうと思えば、それだけ構造は複雑になり、大きくなっていきます。したがって、日常の経理に使える程度の計算機は作られたものの、それ以上の計算機は誰も作ろうとしなかったのです。むずかしい計算は、人間がこつこつ行なうしかないと、誰もが諦めていたわけです。

ところが、20世紀の半ばになったころ、こうした事情を一変させる出来事が起きました。

それは第2次世界大戦です。

世界中を巻きこんだ大戦争が起こったとき、人類は何としてでも大量に、しかも速く計算をしなければならない状況に追いこまれたのです。

中でも、計算の必要に最も迫られたのはアメリカです。ご承知のとおり、アメリカは1941年12月8日に日本軍が行なった真珠湾攻撃がもとで第2次世界大戦に参戦するわけですが、武器の開発に関してアメリカは他の国に比べて出遅れていました。すでにドイツも日本も戦時体制に入っていて武器や飛行機、軍艦などを増産していたのに対し、アメリカはそうした準備をしていませんでした。そこで大慌てで武器の開発・増産に乗り出します。

ところが武器、ことに飛行機を撃ち落とす高射砲や大砲は単に造ればいいというものではないのです。

というのも、長距離を飛ぶ砲弾を狙いどおりに当てるためには、その砲弾がどのような曲線（弾道）を描いて飛ぶのかをあらかじめ知っておかねばなりません。でなければ、それこそ当たるも八卦、当たらぬも八卦ということになってしまいます。だから、大砲を撃つときには、「発射表」と呼ばれる数表を使って、発射角度を細かく計算しなければならなかったのです。

しかし、砲弾の飛び方を計算するというのはけっして単純なものではありません。その砲弾の飛ぶスピード、角度はもとより、空気の温度や湿度、また風の影響なども考えに入れないと正しい答えは出ないのです。ですから、発射表を作るにはとても複雑で高度な計算が必要になってきます。しかも

武器ごとにその表を作らねばならないわけですから、戦争をするとなると、たいへんな計算労力が必要になってくるのです。

アメリカ陸軍には戦争前から陸軍弾道研究所と呼ばれる施設があり、機械式計算機を使って弾道計算をしていたのですが、第2次世界大戦になってからは、機械式計算機だけではとうてい追いつかなくなってしまいました。

ことに第2次世界大戦でアメリカは、北アフリカの砂漠といった、これまで体験したことのない戦場で戦わなければなりませんでした。そうした砂漠などでは従来の発射表は何の役にも立たなかったのです。

そこで急遽、アメリカ軍は全米から人材を弾道研究所に集め、新型の計算機開発に乗り出しました。そして、そこで作り出されたのが世界最初のコンピュータ「ＥＮＩＡＣ（エニアック）」だったというわけです。

冷戦がインターネットを作った

世界最初のコンピュータは軍事上の必要性から生まれたわけですが、実はそれ以外の主たるコンピュータ技術もすべて軍事研究から産み出されたものなのです。コンピュータと戦争とは切っても切れない関係にある、そう言っても間違いありません。コンピュータ技術は戦争が産み出したのです。少し話がわき道に入ってしまいますが、このことは大事なので、ぜひ知っていただきたいと思います。

世界最初のコンピュータＥＮＩＡＣが生まれたのは、1946

年。つまり、すでに戦争が終わったころにようやくコンピュータができたわけですが、だからといってアメリカ陸軍のＥＮＩＡＣが無用の長物に終わったかといえば、そうではありません。

というのも、そのとき軍にはコンピュータを使わなければならない理由が生じたからです。

それは核爆弾の研究開発です。すでに原爆を開発していたアメリカ軍は次に水爆を作ろうと考えました。しかし、水爆の研究には原爆よりもずっと大量の数学計算が必要です。そこで水爆の研究に完成したばかりのコンピュータが使われるようになりました。実際、ようやく完成したＥＮＩＡＣが処理した最初のプログラムは、そのためのものであったと言われます。

コンピュータと軍との関係は、それだけでは終わりませんでした。シャノンが情報理論をうち立て、コンピュータが情報処理に使われるようになると、それに真っ先に飛びついたのも軍でした。

数字ばかりでなく、さまざまなデータをコンピュータで処理させれば、人間がやるよりも早く答えが出ます。そこでアメリカ軍はコンピュータに作戦データ、武器データ、人事データとさまざまなものを入力し、処理させようとしたのです。折しも米ソ冷戦が始まったころですから、アメリカ軍はつねにソ連軍の先を行っている必要がありました。それにはコンピュータを利用するのがいいと考えたのです。

のちに米ソ冷戦がエスカレートしていくと、今度は核ミサイル発射にもコンピュータが利用されるようになっていきます。敵国から核ミサイルが１発でも撃ちこまれれば、即座に自分たちが持っているすべての核ミサイルを敵陣営に叩きこ

むという、地球そのものを滅ぼしかねない、恐ろしい計画が米ソ両国によって立てられました。そうした核ミサイルによる報復にコンピュータを使おうというわけです。

ところが、こうして急速にコンピュータ化を進めている過程で、アメリカの将軍たちははたと気が付いたのです。「軍の情報が全部入っている大型コンピュータがソ連の核ミサイルにやられてしまったら、アメリカ軍はその瞬間に麻痺してしまうではないか！」というわけです。

とはいえ、今さらコンピュータを使わない時代に戻れるわけもありません。そこでアメリカ軍は1960年代に入ると、コンピュータ・ネットワークの研究に取りかかります。

つまり、軍の情報を管理するコンピュータを各地に分散させ、それをネットワークでつないでおけば、全面核戦争になって軍事上重要なコンピュータが攻撃を受けても、攻撃を受けなかった場所のコンピュータを利用してその機能を肩代わりできるという考えです。

この軍事用ネットワーク開発を担当したのが、陸軍のARPA(アーパ)という部局です。ARPAは、全米各地の大学や研究所に巨額の資金を提供し、軍事用ネットの開発をさせました。そうして作られたのが「ARPAネット(アーパ)」と呼ばれるものでした。

実は、このARPAネットこそ、現在のインターネットの原点なのです。インターネットはつい最近誕生したように思われるかもしれませんが、実際には1969年頃から存在していたのです。このネットが使えたのは、ARPAから資金援助を受けていた大学や研究所だけです。70年代には多くの大学や軍関係がつながり、80年代に入り軍事向けはMILネットとして1984年に分離されます。一方、学術用途はARPAネ

ットに代わってＮＳＦネットが主流になっていき、インターネットとして一般の人に開放されたのは、ソ連が崩壊した1991年のこと。つまり、冷戦が終わり、ソ連が負けたから今日のインターネット・ブームが始まったというわけです。

　ちなみに、米ソ冷戦がソ連の崩壊という劇的な終わり方を迎えた理由の１つは、ソ連がアメリカに対抗できるだけのコンピュータ技術を開発できなかった点にあると言えます。核ミサイルや宇宙開発では、ソ連はアメリカに負けないだけのものを持っていましたが、コンピュータはとうとう見るべき発達をしませんでした。その結果、情報化を推し進めたアメリカとそうしなかったソ連との間に決定的な差が生じ、ソ連は軍事力でも経済でもアメリカに負けてしまったわけです。

　コンピュータにしても、インターネットにしても、平和利用や学問研究、あるいは経済活動のために始まったものではありません。第２次世界大戦、そして米ソ冷戦という状況があったからこそ、コンピュータ技術は発達しました。アメリカの軍や国防総省が「ソ連に勝つ」という目的から、莫大な研究費を投じ、また人材を集めたからこそ、コンピュータ技術は短期間に発展したのです。第１章で「コンピュータとは『ビッグ・サイエンス』の産物」と記しましたが、世界を１つにするコンピュータやインターネットの技術は戦争が産み、冷戦が育てたものだったのです。

真空管コンピュータ

　話をふたたび第２次世界大戦に戻しましょう。

戦争に勝つために正確な発射表が欲しいということから、陸軍は巨額の予算とアメリカ中の人材を投じて、高速の計算機を作ろうとしました。

　そこでまず開発されたのが、「電子式」ならぬ「電気式」汎用計算機ハーバードMARK-Ⅰです。これは従来の機械式計算機とは大幅に原理が異なり、計算の動作に電磁石を使うタイプの機械です。つまり、歯車の代わりにリレー（継電器）という電磁石を約3000個用い、それによって金属片のスイッチを入れたり、切ったりして計算をしようというわけです。しかし、実際に動かしてみると、スイッチがパタパタと動くスピードには限界があるため、卓上機械計算機を使って人手で動かすのと比べて数倍程度の速度しか得られないことが分かりました。10桁のかけ算に3秒もかかったと言います。

　結局、機械式にしても、電気式にしても、内部で歯車やスイッチが実際に動くことで計算をしています。それが速度向上のネックになるというわけです。そこで目を付けたのが真空管です。真空管を利用すれば、スイッチの切り替え速度は格段に向上し、計算のスピードも速くなるのではないかという発想が生まれました。

　真空管はトランジスタやＩＣにとって代わられたため、今ではテレビのブラウン管以外にはほとんどお目にかかることのない装置ですが、当時は最先端の部品でした。真空にしたガラスチューブの中に電極を取り付けたものが真空管で、さまざまな用途に使われていました。真空管はラジオやステレオの増幅装置にも使えるし、また交流を直流に変える整流器としても利用できます。その真空管を今度は計算機のスイッチ代わりに使おうというのが、「電子計算機」の始まりだっ

たのです。

　アメリカ軍でこの電子計算機の開発に携わったのが、ペンシルバニア大学の若き研究者だったプレスパー・エッカート（John Presper Eckert, Jr.）とジョン・モークリー（John William Mauchly）という2人です。その後、ハンガリーから移住してきたユダヤ人の学者フォン・ノイマン（Johann Von Neumann）が加わり、1946年、ついに世界最初の電子式コンピュータＥＮＩＡＣが完成するわけです。

　このＥＮＩＡＣは途方もなく巨大なコンピュータです。長さ45メートル、幅1メートル、高さ3メートル、重さ30トン。その中には1万8000本もの真空管が使われていました。本当かどうか怪しい話ですが、このＥＮＩＡＣはひじょうに電気を食ったので、スイッチを入れただけでフィラデルフィア中の電灯が暗くなったとも言われています。

　このＥＮＩＡＣは当時としては画期的な計算機でした。それまで最先端だったハーバード　MARK-I の100倍を超える計算能力を持ち、弾道計算においては実際の砲弾が着弾するよりも早く弾道を計算できたと言われます。

コンピュータ発明者は
いったい誰か

　ところで、またまた余談になりますが、ここでコンピュータの最初の発明者は誰かという問題に触れておきたいと思います。

　ここまで見てきたように、世界で最初の実用的なコンピュータはアメリカのモークリー、エッカート、そしてノイマン

の3人が造りあげたENIACなのですが、ではこの3人がコンピュータの発明者かと言えば、話はそう簡単ではありません。

機械仕掛けの計算機を、電子式に変えたら高速のコンピュータができるのではないか、というのはけっして斬新な思想とは言えません。ある程度の科学知識がある人で計算機に興味のある人なら考えついても不思議はないわけです。

実際、モークリーとエッカートがENIACプロジェクトを開始した当時、同じようなことを考えていた人は他にもいました。イギリスのアラン・チューリング、ドイツのコンラート・ツーゼ、またアメリカのジョン・V・アタナソフといった人たちがそうです。

イギリスのチューリングという人は天才的な数学者で、今日のコンピュータ学の理論的基礎を作った人物です。彼が1936年に数学の専門誌に発表した論文は、世界で初めて「万能計算機械」（＝コンピュータ）の理論的可能性を指摘した記念すべきものです。

だが、その数年後、イギリスはナチス・ドイツとの戦争に入ってしまい、研究どころの話ではなくなります。彼自身もドイツ軍の暗号「エニグマ」を解読するために駆り出されていました。

しかし、チューリングはそこでも才能を発揮し、彼の作ったエニグマ解読機はコンピュータの先駆けとも言うべき優れた情報処理機械でした。チューリングの開発した解読技術のおかげで連合国はドイツに勝てたと言われるぐらいです。しかし、彼のこうした業績は戦後も長らくイギリスの最高国家機密とされたので、知られることなく終わってしまいました。

アラン・チューリング（左上）、コンラート・ツーゼ（右上）、ジョン・V・アタナソフ（左下）、フォン・ノイマン（右下）

また彼自身も不幸な死に方をしています。当時、イギリスではホモセクシュアルは犯罪とされていましたが、1950年代、彼も同性愛者であることが発覚して逮捕されてしまったのです。このときは幸い執行猶予で済んだのですが、彼は周囲の冷たい目に耐えかね（彼がイギリス勝利の立て役者であることは機密のため、もちろん誰も知りません）、1954年、青酸カリに浸したリンゴを食べて自殺したと伝えられています。

　一方、ドイツのツーゼも電子式計算機の可能性に気が付いていたと言われますが、戦時下のドイツでそれを実現することはできず、理論だけで終わっています。またアメリカ・アイオワのアタナソフも1930年代後半、こつこつと電子式計算機を作ろうとしていたのですが、結局、個人の力では実現することができずにプロトタイプ（試作機）の段階どまりでした。

　意地の悪い見方をすれば、エッカート、モークリー、ノイマンの３人が世界最初のコンピュータを作れたのは、たまたま彼らがアメリカにいて、しかも軍の豊富な資金と物量に恵まれていたからだと言うこともできるでしょう。同じような環境にあれば、チューリングもツーゼもアタナソフもコンピュータを作れた可能性はあります。

　しかし、私の考えとしては、やはりＥＮＩＡＣを作った３人こそが、やはり電子計算機の産みの親だと思います。他より恵まれていた面はあったにせよ、誰も作ったことのない機械を作るというのは、やはり大変なことです。コンピュータを形にするには、さまざまな苦労があったに違いありません。それを素直に認めてあげるべきだと思います。

「20世紀のダヴィンチ」
ノイマン

　といっても、ではこの３人で決まりかといえば、実はこの３人の中でも内輪（うちわ）もめがあるのです。余談ついでに、その話もしておきましょう。

　先ほども記したように、そもそもＥＮＩＡＣ計画が立ち上がったときのメンバーはエッカートとモークリーの２人で、その後、ノイマンが参加します。ところが実際にＥＮＩＡＣが完成してみるとノイマンばかりが有名になってしまったのです。最初から苦労をしてきたエッカートとモークリーが憮（ぶ）然（ぜん）としたのは言うまでもありません。

　しかし、ノイマンばかりが有名になったのにはそれなりの理由があります。

　そもそもノイマンは大変な天才です。20世紀には天才と呼ばれる人物が何人も登場しますが、ノイマンほど才能に恵まれ、いろんな分野で活躍した人はいないでしょう。レオナルド・ダヴィンチの再来と言っても、けっして大げさではありません。

　53年間の短い生涯で彼が関った学問分野は化学、数学、論理学、量子力学、コンピュータ学と実にさまざまです。しかも、彼はそれぞれの分野において歴史に残る業績を上げています。

　またコンピュータを完成したのちには、アメリカ核開発の中心人物になりました。彼は対ソ連強硬派で、核爆弾でソ連を滅ぼすことが平和の鍵（かぎ）だと信じて疑わなかったと言われています。

　彼がガンで早死にしたのは、初期の原爆実験に立ち会って

第3章　　107

放射能を浴びたためだというのが定説です。彼が不治の病(やまい)に倒れると、アメリカ軍は彼のベッドの脇に兵隊を立たせました。もし、うわごとで国家機密を話したら、即座に殺せという命令が下っていたというのです。そのくらい、ノイマンはアメリカ政府にとって重要な人物であったし、アメリカで最も有名な科学者のひとりであったわけです。

ですから、コンピュータの話題においても、ノイマンが何かとクローズ・アップされるのはむしろ自然なことでした。

実際のコンピュータ開発でもノイマンの理論的功績はひじょうに大きなもので、彼が参加していなければENIACは完成したかどうか分かりません。さらに、彼はENIACが完成するとすぐに次世代コンピュータについての重要な論文を書き、その論文がのちのコンピュータに決定的な影響を与えました。

現在、私たちが使っているコンピュータは「フォン・ノイマン型」と呼ばれていますが、これは現在のコンピュータがこのときの論文に基づいて作られていることに<u>由来</u>します。ノイマンがコンピュータに関ったのは、ENIACプロジェクト期間中のわずか数年のことです。しかし、その数年で彼はコンピュータ史に不朽(ふきゅう)の名声を残しているわけです。これだけでも彼の天才ぶりがお分かりいただけるのではないでしょうか。

不幸な2人の物語

1946年3月、エッカートとモークリーはENIAC開発チ

ームから離れ、エッカート・モークリー・コンピュータ会社を設立します。戦争もすでに終わり、これからは民間にコンピュータを普及させなければならないというのがその趣旨だったのですが、その背後にはノイマンばかりが注目されることに対してのいらだちがあったことは言うまでもありません。世界初のコンピュータ・メーカーを興(おこ)すことで、自分たちが真のコンピュータ開発者であることを世間に知らせようという野心があったのです。

ところが、コンピュータ開発に予想以上の研究費がかかったため経営が行き詰まり、その会社の経営権をタイプライターのレミントン商会に譲り渡します。しかし、やはりコンピュータへの情熱は捨てることができず、彼らは次にユニバック社を興してコンピュータ開発を続け、1950年ついに世界最初の商業用コンピュータUNIVAC-I(ユニバック・ワン)を完成させたのです。

UNIVAC-I を完成したことで、エッカートとモークリーは目的を達成したかに見えました。ところが、この話にはまだ続きがあります。

商業用コンピュータをユニバック社が作ったのを見て、動いたのがIBMでした。当時のIBMは会計用の機械とかタイプライターを作る会社でしたが、UNIVACがコンピュータを売り出したのを知り、ノイマンを顧問に迎え、コンピュータ・ビジネスに参入したのです。IBMは当時からすでに大会社でしたから、新興企業のUNIVACには勝ち目がありません。UNIVACもある程度は成功したのですが、結局、他の会社と合併せざるをえなくなりました。エッカートとモークリーにしてみれば、ふたたびノイマンが自分たちの邪魔をしにきたという印象ではなかったでしょうか。

これだけでもエッカートとモークリーは十分に気の毒です

が、彼らの不幸はこれでは終わりませんでした。

1967年、コンピュータ会社のスペリーランドとハネウェルの間で、コンピュータの基本特許をめぐる訴訟が起きました。

スペリーランド社はエッカートとモークリーが最初に作った会社を買い取ったレミントン商会をさらに買収した会社で、「わが社はエッカートとモークリーからＥＮＩＡＣの基本特許を買い取っている」と主張し、他のコンピュータ会社から特許使用料を徴収していました。ところがハネウェル社がそれに従わなかったので裁判になったのです。

足かけ7年にわたる訴訟合戦のすえに裁判所が下した裁定は、なんとエッカートとモークリーではなく、アタナソフこそが真のコンピュータ発明者であり、ＥＮＩＡＣ特許は無効というものでした。1939年、アタナソフとベリーという助手の作ったＡＢＣ（アタナソフ・ベリー・コンピュータ）マシンが、世界最初のコンピュータであるというわけです。アタナソフの試作機をヒントにＥＮＩＡＣが作られたのだと裁判所は判断したのです（モークリーがアタナソフの機械を見たことは事実としてあったようです）。

前にも書いたようにＡＢＣマシンは試作品のようなもので、その能力や規模でＥＮＩＡＣとは比較にならないのですが、特許という点ではＡＢＣが先だとされたのです。

結局、エッカートとモークリーは世間の評判ではノイマンの陰に隠れ、また法廷ではアタナソフに名誉を奪われ、さんざんな目に遭いました。

80年代の中頃、テレビの取材でＥＮＩＡＣチーム最後の生き残りとなったエッカートに、その当時の話を聞こうとインタビューしたことがありますが、最初から最後まで愚痴を聞かされただけで終わりました。苦労して会いに行ったのに、

インタビューが実りのあるものにならなかったのは残念でしたが、エッカートの気持ちもよく分かると思ったものです。

[コラム]
コンピュータは「バイト」でかじる!?
―― ビットとバイトの物語 ――

マジック・ナンバー「8ビット」

「ビットとは、情報の最小単位である」という話を第2章でしましたが、ビットはしばしば情報の量を示す目安（単位）としても使われます。

コンピュータは、すべてのデータを0と1で表現するわけですが、そのデータが2進数で何桁になっているかをビットを使って表現するわけです。

たとえば、「101」というデータがあった場合、「このデータは3ビットの大きさだ」ということになります。2章に登場した電器店の例で言えば、20Wの蛍光灯を「1001001101」というコードで表わしました。このコードは10ビットです。

データの桁数が増えるほど、そのデータはより多く数を区別できます。

1ビットでは0と1の2種類しか表わせませんが、2ビットなら00、01、10、11の4種類、3ビットなら000、001、010、011、100、101、110、111と8種類の数が表現できるというわけです。

この例でも分かるように、情報は1ビット増えるごとに2倍の情報が区別できます。1ビットなら2種類、2ビットな

ら2×2＝4種類、3ビットなら2×2×2＝8種類です。これを数学の言葉を用いて表現するなら、「nビットの情報は、2のn乗個のデータを区別できる」ということになります。

さて、それでは、みなさんに質問です。8ビットならば、何種類のデータを区別できるでしょう。電卓や筆算で計算してみてください。

どうですか？　答えは出ましたか？　正解は2の8乗、つまり2×2×2×2×2×2×2×2＝256個ですね。

実は、コンピュータの世界では、この8ビットというのは、重要な意味を持つ「マジック・ナンバー」です。

というのは、コンピュータは英文字1文字を8ビットのデータとして扱っているからです。アルファベットは全部で26文字、大文字と小文字を区別しても52文字なのですから、理屈としては64種類を区別できる6ビットでも文字を表現することは可能なのですが、数字や記号を含めるとそれでは足りないので、256個を区別できる8ビットで文字を表現するようになったのです。さらに8ビットの8という数字自体、2の3乗に等しいので、コンピュータで扱ううえで、何かと都合がいいのです。

コンピュータは「バイト」でかじる

このように、コンピュータでは8ビットは大きな意味を持つので、情報の量を表わす場合でも、8ビット単位で考えたほうが何かと便利です。

そこでコンピュータの世界では、8ビットを「1バイトbyte」と呼び、バイトで情報の量を示すのが一般的です（Bという記号で書く場合もある）。英語1文字が1バイト、10文字なら10バイトというわけですから、とてもすっきり表現できます。

　バイトというのは、もともと英語の bite（バイト）から来ています。a bite というと、「一口」「ひと嚙み」という意味があります。コンピュータが一口でかじれるデータが8ビットであるということから、8ビットを1バイトと呼んだのです。

　といっても、実はコンピュータの初期のころには、6ビットで英文字を示していた機種もありました。そうした機種では6ビットが1バイトだったのです。また、その一方で32ビット単位で処理するマシンもあり、バイトをめぐる状況は混沌としていました。8ビット＝1バイトが定着したのは、8ビットを基本とするIBMシステム360（1964年発売）が広く普及してからのことです。ですから、8ビット単位であることを明確にしたい場合には、バイトを使わず、「オクテット」と表現する場合もあります。

　ところで、日本語をコンピュータで扱う場合、もちろん1バイト＝8ビットでは漢字を区別できません。そこで現在のパソコンでは、約6万文字が区別できる16ビットのデータ、つまり2バイトのコードで表現しています。日本語10字は20バイト（20×8＝160ビット）の情報量というわけです。

ギガからテラへ

　情報を表わす場合、最小単位の「ビット」と、実用的な単位としての「バイト」の2種類があるわけですが、実際に使われるのは後者のバイトのほうです。バイトなら、情報の量がより実感的に分かりやすいし、またビットだと数が大きくなりすぎてしまいます。

　そこで、コンピュータのメモリ容量や、フロッピー・ディスク、ハード・ディスクなどの記憶容量を示す際にはバイトがもっぱら用いられています。キロ・バイト、メガ・バイトという言葉を、どこかで耳にされた方も少なくないでしょう。

　キロとかメガというのは、数量を示すときによく使われる言葉で、一般的にはキロは1000、メガは1000の1000倍の100万を示します。1キロメートルは1000メートル、1メガトンといえば100万トンのことです。

　ですから、コンピュータが1MB（メガバイト）のメモリを持っていると言うと、英文字に換算してざっと100万文字分のデータを記憶できるということになるわけです。

　といっても、厳密に言うと、コンピュータの世界では、1メガは100万ではありません。というのは、コンピュータの場合、2の累乗を使って表現したほうが何かと便利なので、2の10乗＝1024のことをキロ（K）、それをさらに1024倍したものをメガ（M）と呼んでいるからです。したがって、1メガバイト（MB）というと105万バイト弱のことになります。

　コンピュータが扱う情報の量は、年を経るほどに飛躍的に

第3章　115

増加しています。しかも、その値段は逆に下がっているのです。

以前のパソコンでは、メモリ容量は640KBしかなく、しかも、それ以上増やせなかったのですが、今では128MB程度のメモリを備えたパソコンは珍しくありません。メモリ容量はこの10年近くで20万倍増えた計算になりますが、これだけ大容量のメモリが、今では1万円程度で手に入るのです。

プログラムやデータを保管するための外部記憶装置や記憶メディアの容量も格段に増えています。

たとえば、かつてのアプリケーション・ソフトはフロッピー・ディスクに収められていました。フロッピーはせいぜい1MB程度の容量しかありませんが、今では500MBから640MB近く記録できるCD-ROMが主流です。その後、さらにそれを上回るDVD-ROMというメディアが販売されています。DVD-ROMの記憶容量はＧＢ単位。ギガとはメガの1024倍、すなわち1ギガバイトといえば、10億バイト以上を意味します。

英文字にして10億文字分の情報量！　途方もない大きさに思われるかもしれませんが、今やパソコン用のハード・ディスクでもＧＢクラスのものが常識になり、しかも数万円で手に入ります。

読者の中には「これだけの容量があれば、いくらなんでも十分じゃないか」と思われるかもしれません。しかし、ビデオ画像などの巨大なデータを扱うには、ギガバイトでもまだ不十分で、さらにその上のテラバイト（ＴＢ、約1兆）クラスの記憶装置が求められているのです。私たちが扱う情報量は毎年、飛躍的に増えてきているのです。

ちなみにテラの上はペタ（1000兆）、さらにその上はエクサ（100京＝1000兆の1000倍）と言います。今はまだ、一般の人にはペタとかエクサは無縁な単位ですが、あなたの耳に入ってくるようになるのも、そう遠くないかもしれません。

第 4 章

0と1の
マジック・
ブール代数

コンピュータは0と1の「2進法」で動いている――
その話は、みなさんもご存知でしょう。
しかし、どうやって0と1で
コンピュータが動いているのかを知っていますか？
実はコンピュータのメカニズムは
驚くほどシンプルなのです。

「ブール代数」で
コンピュータはブレイクした

　コンピュータ草創期の歴史を簡単に振り返ってきたわけですが、電子式計算機が成功を収めた最大の原因は、計算のベースを10進数ではなく2進数に置いたところにあります。

　10進数にこだわっているかぎり、そのメカニズムは複雑にならざるをえません。歯車や滑車、あるいはシャフトを組み合わせて10進数の計算メカニズムを作ることは大変な手間でしたし、また故障の原因ともなります。そこで研究者たちは2進数に目を付けました。すべての数字を2進数に変換し、それを計算機に処理させてやれば、もっと仕組みが簡単になるのではないかというわけです。

　しかも0と1の2進数は、まことに電子回路にお誂え向きです。つまり、電気が流れている状態を1、流れていない状態を0と考えれば、基本的な動作はオン／オフのスイッチで済むわけですから、ひじょうにシンプルな回路が作れるわけです。

　もし、10進数のままで電子計算機を作ろうと思うと、これは大変です。

　理屈としては、1というデータのときには1ボルトの電圧を、2では2ボルトの電圧といったぐあいに、データに比例した電気信号を流してやることで計算回路を作ることもできます。しかし、電気回路には誤差や雑音、歪みが付き物です。だから、もし設計を間違えたり、誤作動したりして1ボルトが1.2ボルトにでもなったら、それだけでも誤差が生じてしまいかねません。

その点、電流が流れているか、いないかという方法で計算するのであれば、間違いが生じる可能性はぐっと減ります。やはり、電子式計算機には2進数の方式を用いたほうがいいということになりました。

　しかし、これですぐにコンピュータができたかといえば、そうではありません。というのも、普通の数学や工学、いやありとあらゆる人間の科学は10進数を基礎にしています。また計算機の研究家たちにしても、私たちと同じく子どものころから10進数に慣れ親しんでいます。だから2進数で計算させるといっても、どのような回路を作れば効率的に計算ができるのかなど、誰も分からなかったのです。

　ところが、ここで意外なところから救いの神が現われました。それはブール代数と呼ばれる数学理論でした。およそコンピュータの設計とは縁もゆかりもなさそうな数学理論が、行き詰まっていたコンピュータ設計に突破口を開いたのです。

思考を数学に変えた男
ジョージ・ブール

　このブール代数を考え出したのは、19世紀イギリスの数学者ジョージ・ブールという人ですが、この理論は、もともと論理学のために生まれたものでした。

　若き天才数学者ジョージ・ブールが興味を持ったのは、「どうやったら論理や推論を数学に置き換えられるだろうか」ということでした。

　ブールが現われるまで、論理学は哲学の一種であると考えられていました。最もよく知られている論理学者は、かのア

第4章　121

リストテレスです。アリストテレスは三段論法を完成させました。例の「人間はすべて死ぬ」「ソクラテスは人間である」「ゆえにソクラテスは死ぬ」というものが、それです。

　論理学とは人間が正しい判断を下すための論理の立て方、推測の仕方を研究する学問ですが、人間の思考というのは本来、言葉で行なうものですから、数学には置き換えられないと思われていたのです。

　ところがブールはその論理学を数式で表わす方法を思いつきました。彼がブール代数の最初の着想を得たのはわずか17歳のときだと言いますが、それ以後、研究を推し進め、ついに記号論理代数学なるものを完成したのです。

　ブールが論理学を数学に移し替えることができたその〝勝因〟は、10進数ではなく、2進数的表現を採り入れたからです。

　つまり、その論理が正しければ1、間違っていれば0と置き換え、それを基礎に論理の数学化に成功したわけです。

　ブール代数の存在を知って、計算機の研究者たちは「これはコンピュータの設計にも使える」と喜びました。0と1をベースに作られたブール代数の理論は2進数で計算する電子回路の設計にも応用が可能だったのです。これで電子計算機の研究は一挙に実現性を帯びたものになりました。

　ブールの数学理論は天才ブールが20年もの間、その持てる才能のすべてを振り絞って作りあげたものです。もしブールがいなければ、計算機学者たちは自力で2進数に基づく計算回路の原理を作らねばならなかったでしょう。そうなれば、電子計算機の実現はずっと──下手をすれば、何十年も──遅れていたかもしれません。コンピュータはいろんな才能の結集であるということが、ここでもお分かりいただけるので

はないでしょうか。

コンピュータは3つの「部品」でできている

さて、ブール代数を採り入れたことで、電子回路の設計がどのように楽になったかといえば、回路がとても単純にできたことです。

ブール代数は、わずか数種類の演算方法（計算の手続き）を組み合わせることで、さまざまな計算が可能になるということを示しました。具体的に言えば、AND（アンド）、OR（オア）、NOT（ノット）がそれに当たります。

ということは、電子計算機に2進数の計算をさせる場合にも、これらの計算処理をする回路さえあればいいということにもなります。

機械式の計算機、つまり10進数の計算では演算の種類ごとにメカニズムを作りあげていかねばならなかったのに比べれば、何と簡単なことでしょう。もちろん、実際に計算をやるためには、AND、OR、NOTの働きをする回路はたくさん必要になってくるわけですが、演算ごとに設計図を書き、歯車や滑車をこしらえるのとは天と地ほどの違いがあります。

これを子どもがロボットのオモチャをこしらえるときのことに置き換えて考えてみましょう。

これまでの機械式計算機の作り方は、まずロボットの図面を引き、それに合わせて木や鉄板を切り、さらにそのパーツを接着剤や釘で組み合わせ、さらにそれに色を塗るようなものでした。

それに対して、ブール代数を利用した電子計算機は、ブロックを自分の作りたい形にカチャカチャとはめこんでいくようなものです。しかも、そのブロックはAND色、OR色、NOT色の3色に分かれていますから、それを上手に組み合わせれば、できあがったロボットに色を塗る必要もないというわけです。また、そのロボットが用済みになれば、ブロックをばらばらにして、別のオモチャ、たとえば飛行機に作り替えることさえできるのですから、その差は歴然としています。

　AND、OR、NOTなどの働きをする回路を「論理回路」と呼びます。これはブール代数にしたがって、つまり論理代数学の理屈に基づいていることから付けられた名前です。コンピュータの複雑な回路も元をただせば、ごく単純な論理回路の集まりということなのです。

2進数の三種の神器
AND、OR、NOT

　では、ここでごく簡単にこれらの演算について説明してみましょう。むずかしそうに思われるかもしれませんが、元来は論理、つまり理屈の立て方という話ですから、それほどではありません。じっくり読めば、きっとお分かりになるはずです。

　1）**AND**……これは「かつ」あるいは「しかも」という意味です。

　ここで（A AND B）＝Cという数式を考えてみましょう。

　これを論理学の言葉で言えば、「Aが正しく、かつ、Bも

正しいときだけ、Cも正しい」ということになります。裏を返せば、「AかBのどちらかでも間違っていたら、Cも間違っている」ということでもあります。

さて、これを2進数に置き換えて考えてみましょう。正しい＝1、間違っている＝0として、（A AND B）＝Cの結果を一覧表にすると図4－1（**P.127**）のようになります。1 AND 1のときだけ、答えは1、それ以外はすべて答えが0になることがお分かりいただけるでしょう。

さらにこのANDの働きを電気回路に置き換えるとどうなるでしょう。

1が「電気が流れている状態」、0が「電気が流れていない状態」と考えると、おおざっぱに言えば図4－2（**P.127**）のような仕組みになります。Aという線から電気信号が流れこみ、Bという線からも電気信号が流れこんでいる場合だけ、Cという線から信号が出ていくという回路です。そして、それ以外の場合だと、Cからは何も出てこない。これがAND回路の働きというわけです。

えっ？　実際にはどういう仕掛けでこのAND回路を作るのかって？

それは素晴らしい質問です。でも、それは後回しにします。ここでは説明いたしません。

ここで申し上げておきますが、コンピュータ学をマスターするこつは、「とりあえず分かった気になれば、それでいい」と考えることです。一度に何もかも理解しようとするのは、コンピュータ学では失敗のもと。まじめな人にコンピュータの苦手な人が多いというのは、この「とりあえず」ができないからです。その意味ではコンピュータ学は英語の勉強に似ています。「なぜ同じＢＥ動詞がＩ（私）が主語のときはＡ

第4章　125

Ｍになり、ＹＯＵのときはＡＲＥになるか」なんて疑問は
「とりあえず」横に置いといたほうが英語はマスターしやす
い。それと同じです。

　だから、この場合も「ＡＮＤ回路がどのようにして作られ
ているのか」などという疑問は「とりあえず」横に置いてく
ださい。そんな回路があるんだなと思ってくださればそれ
でいいのです。

　さて、話を次に進めましょう。ＡＮＤ回路の次はＯＲ回路
です。

2）**ＯＲ**……「または」という意味です。

　ＡＮＤの場合は「ＡとＢの両方とも正しいときだけ、Ｃは
正しい」となったわけですが、ＯＲは「ＡかＢのどちらか一
方でも正しければ、Ｃも正しい」という論理になります。
「どちらか一方でも」ということですから、ＡとＢの両方が
正しい場合も、Ｃは正しいという結果になります。もちろん
ＡもＢも間違っていれば、Ｃも間違っているという結果にな
ります。

　図4-3（**P.127**）はＯＲ演算の表です。見てお分かりの
とおり、Ａが０でＢが０のときだけＣが０、それ以外がすべ
て１になっています。０は「偽＝間違い」、１は「真＝正し
い」ということですから、こうなるわけです。

　このＯＲを回路に置き換えると図4-4（**P.127**）になり
ます。ＯＲ回路ではＡという線、Ｂという線のどちらか一方
からでも信号が入ってくれば、Ｃの線から信号が出ていくこ
とになります。

3）**ＮＯＴ**……「ではない」（否定）の意味です。

　これはＡＮＤやＯＲとは違って、２つの数値から答えを出
すためのものではありません。１０進数のマイナス記号に似て

図 4-1　A AND B＝C

A	B	C
0	0	0
0	1	0
1	0	0
1	1	1

図 4-2　AND回路

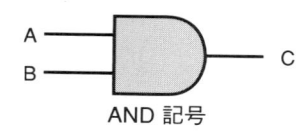

AND 記号

図 4-3　A OR B＝C

A	B	C
0	0	0
0	1	1
1	0	1
1	1	1

図 4-4　OR回路

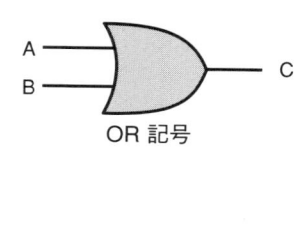

OR 記号

図 4-5　NOT A＝C

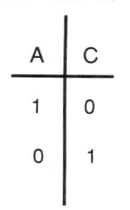

A	C
1	0
0	1

図 4-6　NOT回路

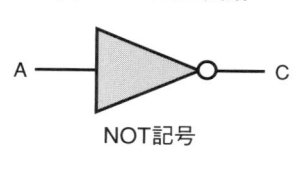

NOT記号

いるもの、と言えば理解しやすいでしょう。これは「真」を「偽」に変え、「偽」を「真」に変えるための記号です。つまりAが正しいとき、NOT Aは間違いということになり、Aが間違っているときはNOT Aは正しいということになります。

これを2進数の表現に置き換えた表が図4-5（**P.127**）です。これはとてもシンプルですので、説明の必要はないでしょう。

図4-6（**P.127**）はNOT回路を示したものです。この回路はAND回路ともOR回路とも似ていません。Aという線から信号が入ったときには、Cという線からは信号は出ない。逆にAという線から信号が入らなければ、Cから信号が出てくる。昔話に何でも逆のことを言う、へそ曲がりが出てきますが、このNOT回路はそれと同じ。へそ曲がり回路なのです。

足し算回路を作ってみよう

以上、AND、OR、NOTの3つがブール代数の基本であり、すべてです。2進数の世界では、どんなにむずかしい計算であっても、これらの論理計算を組み合わせれば答えが出せることをブールは示しました。そして、それがそっくりそのままコンピュータの回路にも応用されているというわけです。

それでは次に、これら3種類の論理回路を組み合わせることで、どのようにコンピュータは計算を行なっているのか、

その実例を挙げてみましょう。

といっても、あんまりむずかしい計算では回路がとても複雑になりますので、ここでは最も簡単な計算、つまり1桁(けた)の数どうしの足し算回路を例に取ります。

2進数の場合、1桁の数どうしの足し算は4つしかありません。

つまり、0＋0＝0、0＋1＝1、1＋0＝1、そして1＋1＝10です。

最後の1＋1＝10は、2進数に慣れていないと分かりにくいかもしれません。10進数なら1＋1＝2なのですが、2進数で使うのは1と0だけですから、1の次の数字を表わすためには桁上がりをするしかない。それで答えは10となるわけです。これは10進数で9の次に10に繰り上がるのと同じ理屈です。ちなみに10進数と区別するため、2進数の「10」を「イチ・ゼロ」と読む人もいます。

さて、AND、OR、NOTの論理回路を組み合わせて、この足し算を正しく行なう回路を作ってみましょう。

1桁の数どうしの足し算を回路に作る場合、一番やっかいなのが桁の繰り上がり、つまり1＋1＝10の処理をどうするかという問題です。他の3つの場合は答えも1桁なのに、1＋1のときだけが2桁になる。ここだけが例外になっているわけです。

しかし、これは考え方を変えてしまえば、話はきれいに整理できます。答えが10以外の場合、つまり答えが0や1のとき、それを1桁の数として見るのではなく、その前に0という数字を足してやり、00、01と考えれば、形式的にはどの場合も2桁の答えになるというわけです。これを表にして整理したものが図4-7（P.131）になります。足し算の答えC

の欄には、きれいに2桁の数字が並びました。

　実は、この図4-7の考え方こそが回路作りの大きな手がかりとなります。

　A＋B＝Cの回路を作るとき、普通は1つの回路でCという答えが出せないだろうかと考えがちですが、それでは回路作りが面倒になりそうです。

　そこで発想を転換してみてはどうでしょう。

　今見たように、答えCはどれも2桁で表わすことができるわけですから、答えの上の位を担当する回路と下の位を担当する回路を別々に作ると考えてみるのです。たとえば、A＝1、B＝0のとき、答えの上の位を担当する回路が0という答えを出し、下の位を担当する回路が1という答えを出す。そうすれば、2つの回路を合わせて「01」という本当の答えが出るというわけです。こうすれば、話はずっと整理されます。

　そこでA＋Bの答えCを上位と下位に分けて記したものが、図4-8（P.131）です。どうです、話がすっきりしてきた感じがしませんか？

　この発想に基づいて作られた回路は、おおざっぱに言うと図4-9（P.131）のようになります。まず入力部でAとBの値が信号に変えられます（実際にはもしその値が0ならば信号は流れず、1ならば信号が送られるわけです）。その信号は途中で2つに分岐し、上位の処理回路、下位の処理回路に入ります。そして、それぞれの処理回路から今度は上位の答え、下位の答えが出力部に送られる。この2つの信号が合わさることで、正解が出るというわけです。

図4-7　1桁どうしの足し算

A＋B＝C

A	B	C	
0	0	0	0
0	1	0	1
1	0	0	1
1	1	1	0
		(上位)	(下位)

図4-8

上位

A	B	Cの上位
0	0	0
0	1	0
1	0	0
1	1	1

下位

A	B	Cの下位
0	0	0
0	1	1
1	0	1
1	1	0

図4-9　足し算回路（概念図）

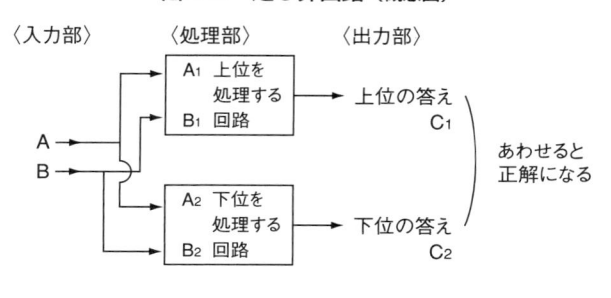

〈入力部〉　〈処理部〉　〈出力部〉

A →
B →

A_1　上位を処理する回路　→ 上位の答え C_1
B_1

A_2　下位を処理する回路　→ 下位の答え C_2
B_2

あわせると正解になる

図4-10　上位回路

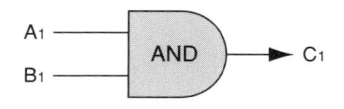

A_1 → AND → C_1
B_1 →

第4章　131

コンピュータって単純だ！

　それでは、上位・下位の処理部分をAND、OR、NOTの論理回路を使って作ってみましょう。

　まず上位のほうですが、これはひじょうに簡単です。もう一度、図4-8（**P.131** 上位の演算表）を見てください。どこかで見た記憶がありませんか？　A＝1、B＝1のときだけC＝1になる……そうです、これはAND回路そのものです。上位の処理部分はAND回路1個で作ることができるというわけです（図4-10 **P.131**）。

　下位の回路は、残念ながらこれほど簡単ではありません。

　まず、もう一度図4-8を見てください。見てお分かりいただけるとおり、Cが1となるのは、AとBのうち、1つだけが1の場合です。OR回路の働きに似ていますが、ORの場合にはA＝1、B＝1の場合もC＝1となりました。ですから、OR回路とは似て非なるものです。

　図4-8の対応関係を実現させる回路は図4-11（**P.133**）のようになります。AND回路2つ、OR回路1つ、NOT回路1つを組み合わせたものです。

　では、このように組み合わせることで、実際に下位の計算をこの回路が正しく行なえるのか——これはあなた自身で確認してみてください。

　むずかしそうに見えますが、使われているのはAND、OR、NOTの3パターンだけです。それぞれの論理回路に入る信号、出る信号が、0なのか1なのか——それを実際に図4-12（**P.133～134**）に書きこみながら、チェックしてみて

図4-11 下位回路

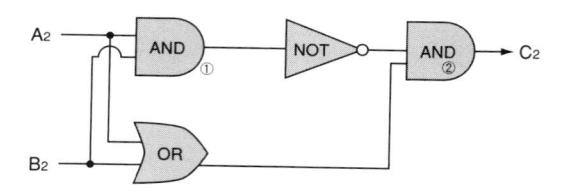

図4-12 練習問題

●次の1〜4図の□に正しい値（0か1）を入れましょう

1. A=0, B=0の場合（C=0）

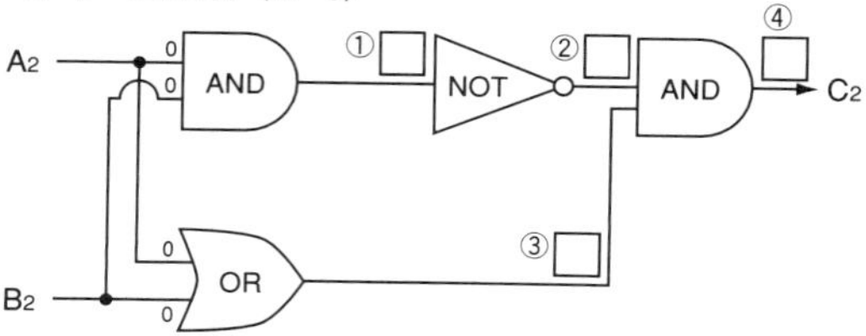

2. A=0, B=1の場合（C=1）

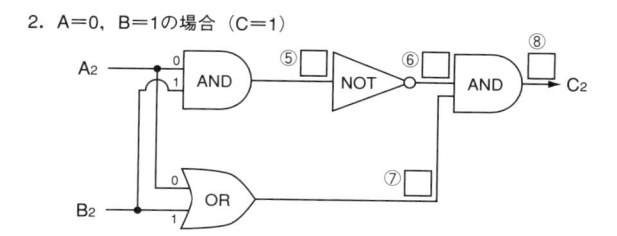

第4章 133

3. A=1, B=0の場合（C=1）

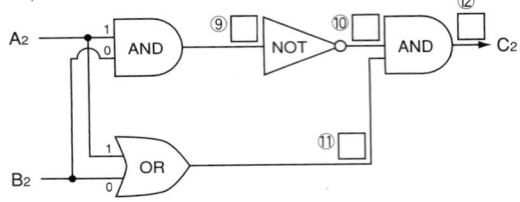

4. A=1, B=1の場合（C=0）

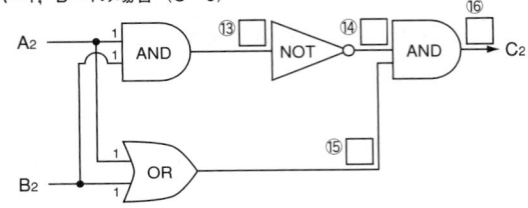

●図4-12の答え

1. ①0, ②1, ③0, ④0 → C = 0
2. ⑤0, ⑥1, ⑦1, ⑧1 → C = 1
3. ⑨0, ⑩1, ⑪1, ⑫1 → C = 1
4. ⑬1, ⑭0, ⑮1, ⑯0 → C = 0

図4-13 1桁どうしの足し算回路・完全版

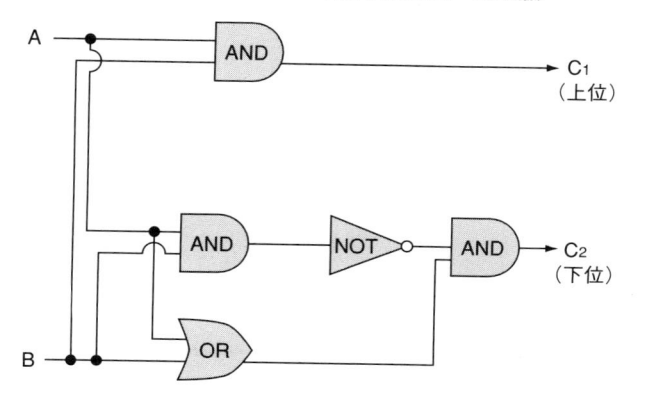

ください。もし、分からなければ、もう一度、AND、OR、NOT回路の説明を読み返してみましょう。きっと答えが分かるはずです。

さて、こうして上位の回路、下位の回路を作ることができたわけですから、あとはもうひとふんばり。この2つの回路を1つに合体させれば、1桁どうしの計算ができる回路ができます。それが図4-13（P.135）です。AND回路3つ、OR回路1つ、NOT回路1つが組み合わさって、足し算の回路が作れたというわけです。

足し算の回路、しかも1桁の回路というと、何だか原始的で初歩的なことのように思えるかもしれません。しかし、実は私たちが使っているコンピュータの中には、これとまったく同じ回路が入っているのです。

コンピュータはむずかしいことをこなしているように見えますが、その実、やっていることは、こうしたシンプルな計算の積み重ねにすぎません。ただ、コンピュータはそれを猛スピードで行なうことができるので、複雑な計算も素早く行なえるわけなのです。

論理回路の素・リレー

さて、先ほどあえてスキップした問題をここで簡単に触れておきましょう。

これまでAND、OR、NOTという論理回路について説明をしてきたわけですが、これらの回路が実際にはどうして作られているのか——そのことを私はわざと説明しませんで

した。というのも、このことを一緒に書いてしまうと、話があまりに複雑になり、みなさんを混乱させると思ったからです。

　まず大事なのはコンピュータが数種の論理回路の組み合わせで作られていることであって、その中身がどうなっているかは二の次なのです。しかし、論理回路の説明も終わったことですので、これからお話ししたいと思います。

　前の章で、コンピュータの草創期の歴史をお話ししましたが、その中で「アメリカ陸軍が作った電気式汎用計算機ハーバードMARK-Ⅰは3000個の電磁石を使っていた」、「世界最初の電子計算機ENIACは1万8000本の真空管を使っていた」と書いていたことを覚えていますか。

　実は、この電磁石や真空管というのが、論理回路の正体なのです。もちろん、最近のコンピュータは電磁石も真空管も使っていません。その代わりに使われているのが、トランジスタと呼ばれる部品で、これが論理回路を作っているのです。

　さて、電磁石、真空管、トランジスタ、この3種類の部品はまったく異なるもののように思われるかもしれませんが、コンピュータの論理回路に使われる際、その働きはまったく同じです。これらはみな「リレー」（継電器）として働いているのです。AND、OR、NOTの論理回路は、このリレーを組み合わせて作られています。

　最も基本的なリレーは、電磁石の原理を用いたもので、一方の回路に電気を流すと、もうひとつの回路が切り替わるという働きをします。

　図4-14（P.139）は電磁石を利用したリレーなのですが、この図だけではリレーの仕組みは分かりにくいかもしれませ

ん。そこでもっと簡略化し、リレーの仕組みを分かりやすく図示すると図4-15（P.139）のようになります。

回路1のスイッチAを入れると、電磁石が働いて金属板Xを引きつけ、板が接点aから離れて、今度は接点bにくっつきます。すると、それまで電気が流れていなかった回路2が働き、電球が点灯するというわけです。次に、スイッチをふたたび切ると、磁石に引き寄せられていた金属板はバネの力で元の位置に戻るので、電球は消えてしまいます。

このように、電磁石側の回路に電気を流したり切ったりすることで、別の回路のスイッチを入れたり切ったりするのが、リレーです。今は電磁石を使ってリレーを作ったわけですが、これと同じ働きをするものは、真空管でも半導体でも作ることができます。

リレーで論理回路を作ってみよう

読者の中には「わざわざリレーを使ってこんなに面倒なことをしなくても、直接スイッチを入れれば済むのではないか」と思う人があるかもしれません。

しかし、このリレーの便利なところは、電磁石を働かせるだけのわずかの電流さえあれば、もう一方の回路のスイッチが操作できるという点にあります。

たとえば、高圧電流を利用した機械の場合、直接、機械の回路にスイッチを取り付けると、そのスイッチを触った人が高電圧の回路から漏れた電気で感電してしまうかもしれません。しかし、リレーを使えば、離れたところから安全に遠隔

図4-14 電磁石を使ったリレー

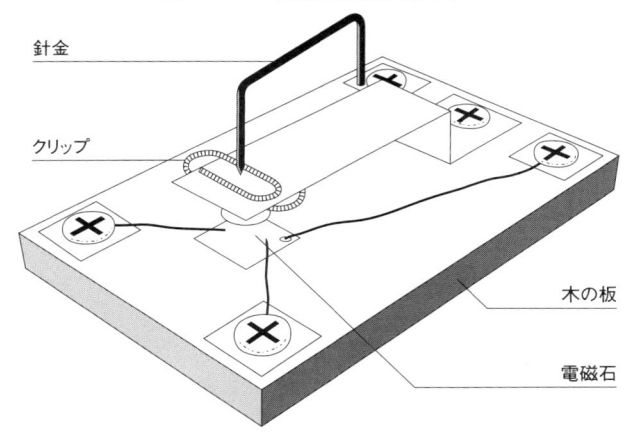

針金
クリップ
木の板
電磁石

図4-15 リレーの仕組み

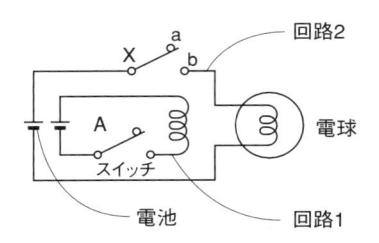

回路2
電球
スイッチ
電池
回路1

操作ができます。ですから、昔からリレーはさまざまなところで利用されてきましたし、今でも重宝がられているわけです。

さて、この素朴な、昔ながらのリレーを利用すると、コンピュータの論理回路を作ることができます。

すでにお話ししているように、コンピュータの中を流れている2進数の情報、つまり1と0のシグナルは、電流が流れているかいないかで表わされています。

つまり、あるときはスイッチが入って電流が流れ、あるときはスイッチが切れて電流が流れなくなる、その組み合わせで情報の処理をしているわけですが、そのスイッチを入れたり切ったりする仕掛けにリレーが利用できるのです。

百聞は一見にしかず。まずはリレーを使って、どのようにAND回路が作られているかを見てみましょう（**図4-16 P.141**）。

前にも述べたように、ANDの演算ではA＝1、B＝1のときだけA AND B＝1となります。それ以外はみな0という結果が出ます。これを電気回路に置き換えれば、スイッチAとスイッチBがともにオンの状態になったとき、電球Cがつくという回路にしてやればいいということです。実際、図を見て確かめてみてください。スイッチAが入ったとき、金属板Xは下に動きます。同様にスイッチBが入ると金属板Yは下に動く。この2つの金属板がともに下に行っていないと電球Cは光らないというわけです。ANDの働きが回路で再現できたのが分かるでしょう。

次はOR回路を作ってみましょう。

ORの演算ではA＝0でB＝0のときだけA OR B＝0となり、それ以外はみな1という結果が出ます。これを電子回

図4-16　リレーでAND回路作り

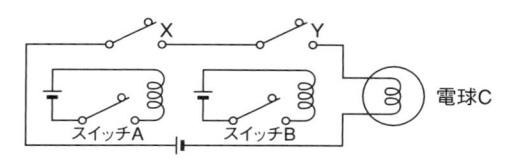

図4-17　リレーでOR回路作り

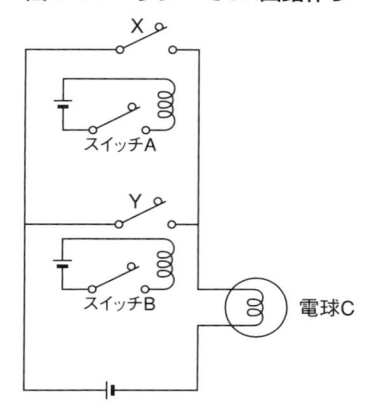

図4-18　リレーでNOT回路

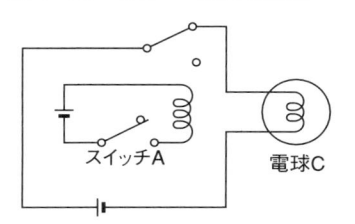

路にしたのが、図4-17（P.141）です。今度はスイッチAとBのどちらかでも入っていれば、電気が流れ、電球Cが点灯します。もちろん、両方のスイッチともオフならば、電球は光りません。まさにORの働きですね。

それでは最後にNOTです。NOTの回路をリレーで作るのは簡単です。

AND回路やNOT回路では電磁石が働き、金属板が下に降りるとき、電気が流れるように電線をつないでいたのですが、これは何でも逆の動きをするNOT回路ですから、線のつなぎ方も逆になります。つまり、電磁石が働いていないときに電流が流れ、金属板が下に動くと回路が切れるということにしてやればいいわけです。これを回路図で表わしたものが、図4-18（P.141）です。スイッチAを入れるとつながっていた回路が切断され、電球Cは消え、スイッチを切ると逆に電球は点灯します。

リレーをうまく組み合わせれば、AND、OR、NOTの論理回路が作れることがこれでお分かりいただけたでしょう。

「スーパー・リレー」
トランジスタの登場

さて、現在のコンピュータはもちろん電磁石などは使っていません。その代わりに使われているのがトランジスタという装置です。

トランジスタについては、コンピュータ発達史の中でも述べる予定ですから、ここでは簡単に説明しておきましょう。

トランジスタは半導体と呼ばれる物質を利用して作られた

装置です。

　電気をよく通すものを「導体」あるいは「良導体」、ほとんど通さないものを「絶縁体」と呼びます。世の中の物質は、たいてい、このどちらかなのですが、半導体はその中間の電気の通しやすさを持つことから、その名が付けられました。英語ではセミコンダクター、セミとは「半分」、コンダクターは「導体」ですから、半導体はそのものずばりの直訳といえます。

　半導体はまた、温度などの条件が変わると電気の通りやすさが大きく変わるという性質を持ちます。物質としては、とても中途半端な存在なので、ほんの少しの不純物を加えただけで性質が変わります。そこで、不純物を加えて性質を変えた半導体どうしを組み合わせると、さらにいろいろの性質を実現することができるのです。

　トランジスタは、この半導体の性質を利用して作られた部品です。トランジスタの働きにはいろいろあるのですが、その中でも重要なのがリレーと同じ「スイッチング」の働きです。

　電磁石のリレーでは、コイルに電気を流すことで磁力を発生させ、その力でスイッチを入れていたわけですが、トランジスタはそれをコイルなしで実現することができます。

　トランジスタに使われている半導体は、ふだんは電気を通さないのですが、その表面に少し電圧をかけてやると、電気を流す良導体に変身します。つまり、半導体そのものがスイッチ代わりになるというわけです。

　電磁石や真空管を押しのけ、半導体が論理回路の主流になった理由は、いくつもあります。

　まず、スイッチの切り替えがひじょうに高速であるという

点。今のパーソナル・コンピュータは1秒間に数億回という速さで情報処理を行なっていますが、これだけ速く処理ができるのもトランジスタのおかげです。

　第二にトランジスタのいいところは、とても小さく作れて、消費電力も小さいという点です。ＥＮＩＡＣは巨大な、しかもとてつもなく電力を食う化け物でしたが、これは真空管という制約があったからです。今ではわずか数センチ角のチップの中に、ＥＮＩＡＣとは比較にならないほど複雑な回路を作りこむことができ、消費電力もわずかですみます。

　またトランジスタに使われている半導体はシリコンと呼ばれる物質を主原料にしていますが、これは土の中に無尽蔵と言ってもいいほど豊富に含まれているものですから、コンピュータをいくら作っても資源が枯渇する心配がありません。この点でも、半導体はひじょうに優れています。

　さらに、これがある意味で決定的なのですが、トランジスタは簡単に壊れません。

　たとえば半導体の前に使われていた真空管というのは、いわば電球と同じようなものです。ですから、電球と同じように真空管も時間が経てば「切れて」しまいます。

　コンピュータの真空管は電球とは違って「切れれば、交換すればいい」というわけにいきません。ＥＮＩＡＣのように1万8000本もの真空管が使われていると、いつもそのうちどれかは寿命が近づいているということになります。イルミネーションなら1万8000個の電球のうち、1個が切れていても「明日取り替えればいい」ですみますが、計算機ではその1個のために計算が止まってしまいます。

　実際、当時の真空管をそのまま使えば、理論的にはＥＮＩＡＣは毎秒18億回の故障が発生するという計算になってしま

うことが分かり、ENIACのエッカートのチームはまず、低出力で切れにくい真空管の設計から始めなければなりませんでした。

しかし、それだけ苦労をしても、やはり真空管は真空管。遅かれ早かれ切れてしまうのは間違いありません。そこで、ENIACチームは、故障が発生する前に危なそうな真空管をすべて惜しげもなく取り替えるという予防措置を徹底するしかありませんでした。そこで、ENIACを使うたびに係員が「長さ45メートル、幅1メートル、高さ3メートル」の巨大機械の中を駆け回っていたのです。

これだけの苦労をしても、ENIACが故障なく計算を続けられたのは、せいぜい12時間程度であったと言われています。もし現代のマイクロプロセッサのように数百万の部品でできているコンピュータで、その部品の信頼性が電球程度だったら、おそらく1秒もまともに動かないでしょう。

電球に対して最近よく使われるLED発光ダイオードも半導体を利用して作られた部品ですが、その寿命は電球に比べれば半永久的といえるくらいです。そのように信頼性の高い半導体を利用したからこそ現代のコンピュータのような複雑なシステムが実用的に動くことが可能になったのです。

シンプル・イズ・ベスト

さて、論理回路の話はいかがでした？
コンピュータの電子回路というと、何かとてつもなくむずかしいものを想像しがちですが、実際には実に簡単なものだ

ということが、ここまでの話でお分かりいただけたでしょうか。中には、「あんまり簡単すぎて気が抜けた」という人もいるかもしれません。

　しかし、これだけ基本原理が簡単だからこそ、コンピュータは実用化できたし、普及したわけです。

　シンプル・イズ・ベスト。もし、これがもっと複雑怪奇なものであったら、コンピュータは研究室レベルで終わり、普及しなかったかもしれません。また、その値段は高いままで軍や大企業、あるいは一部の金持ちだけの独占物になっていたかもしれません。その意味で、ブール代数の功績はひじょうに大きいと言えます。

　ブール代数を考えたブールは、まさか自分の論理学体系が電子計算機にそっくり応用されるとは思わなかったでしょう。

　彼は自分の本の中で、「このブール代数を作ったのは、人間の論理を明晰に分析し、人間の知性をより一層高めるためだ」という趣旨のことを書いています。その2進数の代数学が人間ならぬ、機械に使われたというのですから、天国のブールもさぞや驚いたでしょう。しかし、そのコンピュータは今や人間の知的活動にとってなくてはならぬツールとなっているわけですから、間接的ではあるけれども、見方によってはブールの願いは、一部達成されたとも言えるかもしれません。

第 5 章

プログラム
コンピュータとの会話術

私たちがコンピュータと仲よくつき合うには、
彼らとの「会話術」を身に付けるのが
最善の道。
そこで大事になってくるのが、
プログラムと
アルゴリズムの2つです。

ハードウェアと
ソフトウェア

　ここまで私たちはコンピュータの働きについて、主としてハードウェア hardware の面から学んできました。

　ハードウェアの「ウェア」は洋服のウェア wear ではなく、ware と書きます。ware は品物とか製品という意味で、silverware と書けば銀製品のことですし、一般にハードウェアと言えば金物のことを指します。昔のコンピュータは鉄の塊のような装置でしたから、コンピュータの機械のことを金物、つまりハードウェアと呼んだのでしょう。

　コンピュータの世界では、コンピュータ本体、ディスプレイ、キーボード、マウスやプリンタといった、実際に手で触れることのできる装置や部品のことを、ハードウェアと言います。前章で学んできた論理回路は、コンピュータのハードウェアの中でも最も重要な部分です。

　さて、このハードウェアに対して、ソフトウェア software という言葉があります。ソフトウェアとは、コンピュータが処理するプログラムやデータのことです。ソフトウェアは直接目で見ることもできないし、また触れることもできません。

　コンピュータにとって、ハードウェアとソフトウェアは車の両輪です。ハードだけではコンピュータは動かないし、またソフトだけでも何の意味もありません。みなさんはこれまでの章で、コンピュータのメカニズム、つまりハードウェアについて学んできました。そこで、これからコンピュータを動かすソフトウェア、その中でも最も重要なプログラムのことについて説明していきたいと思います。

電卓とコンピュータの
大きな違い

　そもそもプログラムとは何か——その答えを知るには、電卓とコンピュータの違いを考えてみるのが、最も分かりやすいでしょう。

　第1章でも書いたとおり、電卓はコンピュータと同じ原理で作られた商品です。電卓の中には、コンピュータと同じ論理回路が組みこまれ、10進数を2進数に変え、複雑な計算をこなしています。

　しかし電卓とコンピュータとの間には決定的な違いがあります。それは電卓にはプログラムがないということです。

　言うまでもないことですが、電卓を使う場合、答えを求めたい計算と同じように電卓のキーを叩かねばなりません。たとえば3＋2＝?という計算をしたければ、3のキー、＋のキー、2のキー、＝のキーと4つのキーを順番に押して答えを出します。電卓の使用法はコンピュータとは違って、誰でも直感的に分かるので、たしかに使いやすいものです。

　しかし、3＋2＝?といった簡単な計算ならばよいのですが、これがもう少し面倒なものになったらどうでしょう。

　たとえば、お気に入りのCDをカセット・テープにダビング編集するために、CDに入っている曲の合計の長さ（時間）を知りたいとします。この計算を電卓を使ってやろうとすれば大変です。まず各曲の長さを秒に換算し、その換算した秒数を合計し、その答えをさらに何分何秒という形に直す——こうしないと合計の時間は分かりません。

　「ええと、1曲目は2分45秒だから、秒に換算して165秒。

次の曲は3分11秒だから191秒か。というと、165＋191＝356。で、次の曲は4分55秒だから……ええ、面倒くさい！」。きっと、こんな気持ちになるはずです。

　こういう計算をする際に威力を発揮するのがコンピュータです。あらかじめコンピュータに「時間の足し算」というプログラムを与えておけば、いちいち時間を秒単位に換算する必要もありません。たとえば、2分18秒といったデータを受け取るとそれを秒単位に換算し、次に入ってきたデータにそれを足し、最後に分と秒の形で出力するというプログラムを用意しておけばいいのです。そうすれば「2分18秒＋3分15秒＋2分58秒＝？」という計算も、それぞれ2：18、3：15、2：58といったぐあいにデータを順番にコンピュータに入力するだけで、合計が8分31秒であることが分かります。

　電卓はどのように使っても、1種類の機能、すなわち式のとおりに計算をするという働きしかありませんが、コンピュータはプログラムさえ変えてやれば、いろんな働きをします。ワープロとして使うこともできるし、時間計算専門の電卓にも早変わりする。これこそがコンピュータと電卓との大きな違いです。

　同じコンピュータの原理を使っていても、電卓をコンピュータと呼べないのも、そのためです。コンピュータはプログラムがあって、はじめてコンピュータと言えます。電卓はハードこそコンピュータと共通ですが、ソフトウェアを入れ替えることができません。ハードとソフトの2つで、コンピュータはコンピュータになるというわけなのです。

最初のコンピュータは
「電卓」だった

　前にもお話ししたとおり、1946年に完成した世界最初のコンピュータENIACは、真空管を利用していたとはいえ、当時の人類の常識からすれば、途方もない速さで計算を処理することができました。ENIACを使えば大砲の弾の飛ぶ道筋（弾道）を、実際の砲弾が飛ぶよりも速く計算できました。

　しかし、このENIACには大きな問題点がありました。というのは、本来、この機械は弾道計算を目的として作られていたので、それを別の目的に使おうとすると配線そのものをつなぎ替える必要があったのです。ENIACは真空管1万8000本を使う巨大な計算機でしたから、その作業だけでも大変な手間で、数人の人間が何日もかけていました。

　ですから、ENIACはコンピュータというよりは弾道計算専用の巨大電卓だったというわけです。ただ電卓の場合は、配線が固定されているので電卓以外に使えませんが、ENIACの場合、配線をつなぎ替えることで他の用途にも転用できます。コンピュータと電卓の中間と言うべきでしょう。

　こうしたENIACの欠点を克服するために考え出されたのが「プログラム内蔵方式」でした。

　プログラムは、コンピュータが行なうべき手順の「情報」なのですから、0と1にコード化することができます。コンピュータからすれば、プログラムもデータの一種になるわけです。そこで、配線という形でプログラムをコンピュータの外側から設定するのでなく、コンピュータの内部にプログラ

ムを記憶させてやればいいというのが「プログラム内蔵方式」のポイントです。このやり方は、今では常識になっていますが、そのおかげでコンピュータは現在のように柔軟性を持つようになったのです。

　プログラム内蔵方式のコンピュータを別名「フォン・ノイマン型」と言います。このフォン・ノイマン型は現在でもコンピュータの主流で、もちろんパソコンもゲーム用コンピュータもこのタイプに属します。
「フォン・ノイマン型」という名前は、もちろん例の天才フォン・ノイマンに由来しています。彼はＥＮＩＡＣ開発がまだ終わらぬ大戦末期に重要なレポートを書きました。それはＥＮＩＡＣの次世代機ＥＤＶＡＣ（エドバック）についての覚え書なのですが、その中に「ＥＤＶＡＣはプログラムを内蔵したものにすべきだ」という提言を書いているのです。このことから、プログラム内蔵のコンピュータをフォン・ノイマン型と呼ぶようになったわけです。

　といっても、ノイマンがプログラム内蔵方式の真の発明者であるかどうかは、定かではありません。

　彼が提出した覚え書はＥＮＩＡＣ開発チームの協議結果をまとめたものであって、チームの代表者としてノイマンが書き記しただけだという見方が有力です。しかし、実際の書面にはノイマンの名前しか載っていないため、「フォン・ノイマン型」という呼び名が使われるようになったわけです。共同開発者だったモークリーとエッカートが、ノイマンと仲違いするようになった原因の１つがここにあったことは言うまでもないでしょう。

　ちなみに、プログラム内蔵方式で作られた最初のコンピュータは、1949年、イギリスのケンブリッジで作られたＥＤＳ

AC（エドサック）でした。

　もちろんアメリカのＥＮＩＡＣ開発陣もプログラム内蔵のＥＤＶＡＣを作ろうとしていたのですが、記憶装置の開発で計画が大幅に遅れ、「世界最初」の名誉はイギリスに取られてしまいます。ＥＤＶＡＣができたのはイギリスの２年後の1951年です。このとき、すでにモークリーとエッカートがチームを脱退し、商用コンピュータ UNIVAC-I を前年の1950年に発売していたという話は、すでに述べたとおりです。

コンピュータは「機械語」しか分からない

　さて、プログラムを与えることによって、はじめてコンピュータはコンピュータになるわけなのですが、プログラムを作ること（プログラミング）は率直に言って、簡単な作業ではありません。

　プログラムは、情報を処理するための手順をコンピュータに与える「指示書」です。

　先ほどの例でいえば、「与えられた時間のデータを秒単位に直し、そのデータを順々に合計して、最後にその結果を分秒の単位で表示しろ」というのが指示の内容になりますが、もちろん、こうした指示をコンピュータに口で言っても、動いてはくれません。コンピュータに指示を与えるには、コンピュータが分かる「言葉」に翻訳してやる必要があります。

　このコンピュータが分かる言葉のことを「プログラミング言語」と言います。

　といっても、実際にコンピュータが分かる「言葉」という

のは、1種類しかありません。つまり、0と1の組み合わせです。これを「機械の分かる言葉」ということから「マシン語」あるいは「機械語」と呼びます。

どんなにコンピュータが発達しても、コンピュータは0と1を処理する仕掛けにすぎません。ですから、プログラムも0と1でなければコンピュータは分かってくれません。たとえば、2つの値を「足せ」というのでも、コンピュータの中に作られた足し算回路を実際に動かして計算させるには「0110」などという形で指示を与える必要があるのです。ワープロのプログラム、電卓のプログラム……どんなものでも、プログラムは0と1の羅列です。

コンピュータ初期のプログラマーは、実際に0と1だけを延々と書き連ねてプログラムを書いていました。最初のころのコンピュータにはキーボードなどという便利なものはありません。装置に取り付けられた入力スイッチをパチパチと上げたり下げたりすることで、0と1を入力し、コンピュータにプログラムを与えていたのです。もちろん、途中で1個でも間違えたら、最初からやり直しです。そこで次に作られたのが「アセンブリ言語」です。

アセンブリ言語は0と1のマシン語で使われる命令語を短い英単語に置き換え、よりプログラムを作りやすくしたもの。先ほどの例で言えば、「足せ（加算せよ）」という命令は機械語で0110でしたが、アセンブリ言語では「AD」（英語「add＝足す」の略）と記します。よく使われる命令にはプログラム処理全体を停止させるHALTコマンド（halt＝停止）、メモリ（記憶装置）からデータを読みこむ際に使うLDコマンド（load＝積みこむ）などがあります。

もちろん、アセンブリ言語で書かれたプログラムそのもの

をコンピュータは理解できません。ですから、実際にはアセンブリ言語をコンピュータに分かるように0と1に「翻訳」するのですが、それをやってくれるのが「アセンブラ」と呼ばれるプログラムです。

アセンブラにプログラムを読みこませると、たとえば「AD」と書かれていれば、それを0110という2進数に置き換えて、本当のプログラムを作り出すというわけです。

高級言語

アセンブリ言語が出てきたことで、コンピュータのプログラミングは機械語時代よりも、ずっと楽になったことは事実です。スイッチをパチンパチンと動かして入力するのではなく、キーボードを使って、より人間に分かりやすいプログラムを作れるわけですし、また間違っても修正が楽になりました。

しかし、このアセンブリ言語もしょせんは無味乾燥な機械語をAD、LDとかHALTという記号で置き換えたもの。コンピュータのハードウェアについて詳しく知っている人でなければプログラムできません。そこで、「もっと人間の言葉に近づけたものにならないか」と作られたのが、いわゆる「高級言語」と呼ばれるプログラミング言語です。

たとえば「2＋3＝？」という計算を行なわせるのでも、アセンブラや機械語ではその手順を事細かに指示しなければなりません。

ごくごくおおざっぱに言っても「2という数字を読みこ

め」「さっき覚えた数字（2のこと）に3を加えろ」というぐあいにワンステップごとにプログラムを書くわけです。これではひじょうに面倒ですし、また人間の感覚に合いません。そこで「2＋3の計算をしろ」という命令1つでプログラムが書けるように作られたのが、こうした高級言語でした。

　高級言語には、さまざまな種類があります。初期のパソコンで広く使われていたものではBASIC（ベーシック）、大型用コンピュータで科学計算用や事務処理に使われていた言語ではFORTRAN（フォートラン）、COBOL（コボル）などが有名です。最近では、C言語とかJava（ジャバ）などという言語に人気があります。

　言語が人間に近くなったといっても、コンピュータそのものが賢くなったわけではありません。

　高級言語で「2＋3＝？」とプログラムを書いたところで、実際にはコンピュータは先ほどと同じく「2という数字を読みこめ」「次に3という数字を読みこめ」「3という数字にさっき覚えた数字（2のこと）を加えろ」という手順で働いています。ただ、それを人間がいちいち指示する必要がなくなったというだけの話です。

　高級言語の場合も、先ほどのアセンブリ言語と同じように、人間が書いたプログラムは「インタープリタ」とか「コンパイラ」と呼ばれるプログラムによって機械語に翻訳され、はじめて本物のプログラムに変わるわけです。

　ちなみにインタープリタとは、一般には「通訳者」という意味で使われていますが、プログラム言語のインタープリタも似たような働きをします。つまり人間が書いたプログラムを一度に全部翻訳してしまうのではなく、プログラムを最初から1行1行「同時通訳」し、それをそのつどコンピュータ

に伝えていく働きをします。これに対して「コンパイラ」は、小説の翻訳などと同じように、まず全部のプログラムを機械語に翻訳し、まとめてコンピュータに送るという手順を踏みます。

　インタープリタ方式のいいところはプログラム・ミスが生じたとき、すぐに問題点が分かるところです。人間同士のコミュニケーションでも、こちらが何か大事なことを言い間違えると、同時通訳なら相手が不審そうな顔をしたり、あるいは怒ったりするので「あ、今の発言は失敗した」とすぐに気が付きます。コンピュータの場合も同じで、インタープリタ方式ならプログラムのどこが間違いだったのかが比較的分かりやすいという利点があります。

　これに対してコンパイラ方式の長所は、プログラムの処理スピードが速く、プログラム自体もコンパクトになるということです。

　現実のコミュニケーションでも、発言をいちいち逐語的（1語ずつ順番に）に通訳するより、まとめて翻訳したものを紙にして渡したほうが読みやすいというもの。ただ、不用意に翻訳した書類を渡したら、相手がその文面を読んで烈火のごとく怒りだし、いきなり交渉が決裂するという危険もあります。

　それと同じように、コンパイラでプログラムを機械語に翻訳して実行させたら、コンピュータが暴走したり、止まったりして手が付けられなくなるというケースもしばしば起こります。

　コンパイラとインタープリタには一長一短があるわけですが、今ではスピードにまさるコンパイラ方式が圧倒的に主流です。

かつて流行したパソコン用のＢＡＳＩＣはインタープリタ型の代表選手でしたが、今では見かけることも少なくなりました。

　ＢＡＳＩＣ自体は、プログラム言語としては、あまりいいものではありませんでしたが、気軽に使えるのが大きなメリットでした。コンパイラ言語などでは、まずコンパイルするためのお膳立てが大変で、一般の人が気軽に使えるというものではありません。昔は、すべてのパソコンにＢＡＳＩＣインタープリタが載っていました。ですからそのころのユーザーはちょっとしたことなら自分でプログラムを作って解決したものでした。コンピュータを使う醍醐味はやはりプログラミングなのに、今はコンパイラやインタープリタを買ってくるなどして入手しないと、プログラミングが気軽に始められない……やはり残念です。

なぜ、プログラミングはむずかしい

　さて、ここまで見てきたようにコンピュータのプログラミング言語は機械語からアセンブリ言語、そして高級言語へと発達していきました。そして、その高級言語の世界でもどんどん新しい言語が登場してきているわけですが、「それだけ言葉が進化し、進歩したのだから、その分、プログラミングもさぞや楽になって、今では誰でもプログラムが簡単に作れるようになったのだろう」ときっと思われることでしょう。

　しかし、残念なことに現実は違います。もちろんかつての機械語入力のように、０と１をパチパチとスイッチで入力す

るようなことは不要になりましたが、誰でも勉強せずにすぐにプログラミングができるほど楽になったとは言えません。

それというのも、コンピュータの登場から半世紀経ち、言語こそ進歩しましたがコンピュータそのものの基本構造が半世紀前からほとんど変わっていないからです。

この章の最初に説明したとおり、現在、私たちがふだん接しているコンピュータはフォン・ノイマン型と呼ばれるものですが、その最大の特徴は「一度に１つのことしかできない」という点にあります。これを専門用語で「逐次処理」と言います。逐次とは「順番を追って」という意味。つまりコンピュータは仕事を一度に行なうのではなく、１つ１つの作業をあらかじめ決められた順番にこなしていく道具というわけです。

たとえば、テーブルの上に置いてあるコップを取って、持ってくるという作業を考えてみましょう。

これを人間に指示するのであれば、「ねえ、そこに置いてあるコップを取って、こっちに持ってきて」と言えば、話が通じます。しかし、コンピュータではそうはいきません。もし人間の形をしたコンピュータ（つまり、ロボット）があったとして、そのコンピュータに分かるように指示するには、次のように言い換えてあげなければなりません。

「今から命令を与える」
「北緯〇度×分△秒、東経〇度×分△秒、地上から□メートルにあるコップを〝コップ１〟と名付ける」
「コップ１のある方向Ａに体を向けろ」
「右足と左足を交互に前に出せ」（＝歩け）
「コップ１の30センチ以内に達したら足の動きを停止せよ」

「右手をコップ1の方向に伸ばせ」
「右手の指を広げろ」
「右手の指でコップを握れ」
「コップを握ったら、そのままで移動し、私のいる方向に進め」
「私のところまで来たら止まれ」
「右手を私のほうに伸ばせ」
「私がコップを握ったら、右手の指をゆるめろ」
「元いた場所にもどれ」
「命令終わり」

　人間なら、たった一言で済むところがコンピュータに指示を与えるには、こんな感じの「プログラミング」が必要なのです。これというのも、コンピュータが一度に処理できる命令は1つだからです。

　ですから、「あそこまで行ってくれ」と言う場合でも、「あそこ」という場所がどこかをまず教え、次に「動け」と命令し、さらに「そこまで行ったら止まれ」と1つ1つ事細かに指示しなければならないというわけです。

CPUを解剖する

　現在、私たちが使っているコンピュータがその内部で「逐次処理」をどのように行なっているか、具体的に説明してみましょう。
　コンピュータの心臓ともいうべき情報処理回路のことを、

一般にＣＰＵと呼んでいます。ＣＰＵとはセントラル・プロセシング・ユニット Central Processing Unit の略。日本語に直訳すれば「中央処理装置」という意味です。単にプロセッサと呼ぶ場合もあります。読者のみなさんには、ペンティアム Pentium とかセレロン Celeron、あるいは K-6 といった商品名のほうがなじみかもしれません。コンピュータのケース（専門用語では筐体（きょうたい）と言います）を開けて中を覗（の）いてみると、そこにはいろんな電子部品が載ったボード（基板）がセットされています。そのボードの上に載った電子部品の中でも、ひときわ大きな数センチ角の黒い部品、これがＣＰＵです。

このＣＰＵの中には、前に説明した論理回路をはじめとして、さまざまな回路が封じこめられているのですが、そのおおざっぱな仕組みを図に描いたのが、**図 5-1**（**P.162**）です。

ＣＰＵの中で最も重要なのが、演算部と呼ばれるユニットです。この演算部の中には、前に説明した論理回路がぎっしり詰めこまれ、０と１の情報がここで処理されています。

この演算部の次にご紹介したいのが、「メモリ」つまり記憶装置です。演算部は単に情報を処理するだけの回路ですから、入力されたデータやプログラムを覚えておくことはできません。そこでＣＰＵの中にはメモリが用意されています。このようなメモリは、一般にはレジスタ、もしくはキャッシュと呼ばれます。

ＣＰＵの中に入っているメモリはひじょうに小さなもので、大きなプログラムやデータをすべて覚えることはできません。そこで実際には、ＣＰＵの外にある補助メモリから、必要があるたびにＣＰＵ内のメモリに転送しているわけです。よく

図5-1　論理回路の仕組み

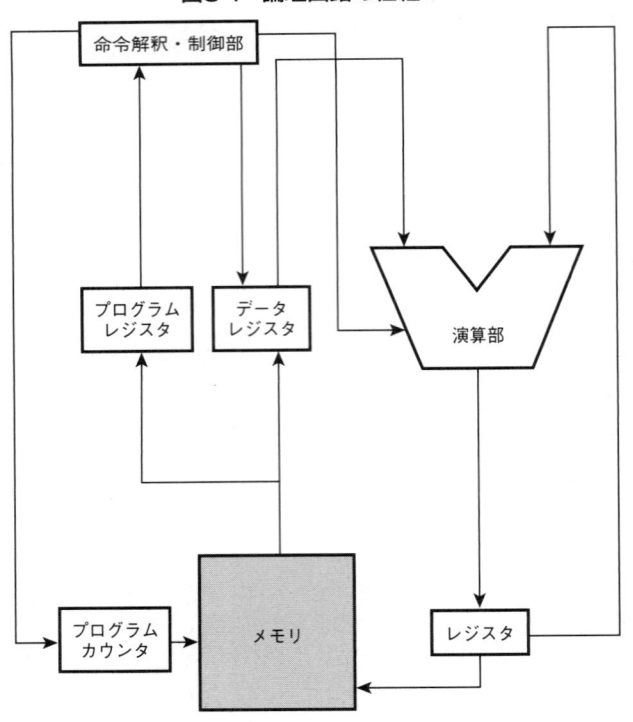

パソコンのカタログに「メモリ64M（メガ）バイト」などと書いてありますが、これはＣＰＵの外に置いてある補助メモリの容量を指しているのです。

　ＣＰＵの中で、もう１つ大事なのが図の中にある「命令解釈・制御部」です。これはプログラムの中に書いてある命令（コンピュータに対する指示）を、演算部に伝えるための司令所としての役割を果たしています。

　人間の話にたとえて説明すると、命令解釈・制御部は「足し算をしろ」という命令を見つけると、ただちに演算部の中にいる足し算係に声をかけます。「おうい、これからおまえの仕事が始まるぞ」。そうすると、足し算係が送られてくるデータを待ちかまえて、処理するわけです。もし、この司令所がないと送られてきたデータを足せばいいのか、それともかけ算すればいいのか分からなくなってしまうので、その働きはとても大切なのです。

プログラムは、どうやって動くのか

　さて、このフォン・ノイマン型コンピュータがいかにして実際の計算をしているか、そのようすをＣＰＵの働きに沿って説明してみましょう。

　話を簡単にするために、１＋２＝３という計算を正しく行なうためのプログラムを例にとってみます。１＋２の足し算など、３歳の子どもでもできることですが、これをコンピュータに行なわせるには、以下のような手順（プログラム）が必要になってきます。

第５章　163

コンピュータで計算をさせる場合、まずやらなければならないのは、処理すべきデータやプログラムをメモリに記憶させるという作業です。

　すでに書いたように、コンピュータの演算部は計算するのは得意ですが、記憶ということができません。

　そこで、まず計算式の中にある「1」という数字と「2」という数字、つまりデータをメモリの中に置く（記憶させる）必要があります。

　ここでは、これらのデータをメモリの10番地と11番地に置いておくことにしましょう。

　コンピュータのメモリは、いわばアパートのようなもので、いくつも仕切られた部屋それぞれにデータやプログラムを置けるのですが、どこに置いたかを分かりやすくするため、それぞれの部屋に「番地」（アドレス）を割り当てています。この番地表示がないと、データがどこに入っているか分からなくなりますし、そもそもメモリの中に入っているのがデータなのかプログラムなのかさえも分からなくなってしまいます。ですから、番地はとても大事なのです。

　さて、データが2つ入ったわけですが、データは実はこれだけではありません。足し算の結果を保管しておく場所を予約しておかねば、せっかく出した答えが宙に浮いてしまいます。そこで、答えが入る場所として、メモリの12番地を予約しておきましょう。

　データの準備が終わったので、次はいよいよプログラムです。

　1に2を足すというプログラムを、アセンブリ言語で記すと次のようになります。分かりやすいように、その右に簡単に説明を加えています。

図5-2　1+2=3のメモリ配置

	アドレス	中身
データ	10	1
	11	2
	12	答え(3)
	・・・	
	19	
プログラム	20	LD　10
	21	AD　11
	22	ST　12
	23	HALT
	・・・	

LD 10；10番地のデータを読み出せ（LD＝load　読みこむ）

AD 11；読み出したデータに11番地のデータを加えよ（AD＝add　加える）

ST 12；計算の結果を12番地に書きこめ（ST＝store　保管）

HALT；プログラム終わり

　このプログラムもデータと同じようにメモリの上に置いておかねばなりません。そこで今回はプログラムをメモリの20番地以降に置きます。プログラムの各行が番地1つずつに収まりました（**図5-2　P.165**）。

足し算1つに20の手間！

　さて、ここまでが準備編。これを実際にCPUがどのように処理しているか、順を追って説明していきましょう（**図5-3　P.167**参照。図中の数字は各ステップに対応）。

1）プログラムの第1行目（'LD10'）が読み出され、プログラム専用の一時保管場所「プログラム・レジスタ」に収められる。

※読みこんだプログラムを命令解釈・制御部に置けばいいと思われるかもしれませんが、この「司令部」は命令を解釈し、それを演算部に渡すだけの働きしかなく、命令を記憶す

図5-3　1つの計算に20ステップ

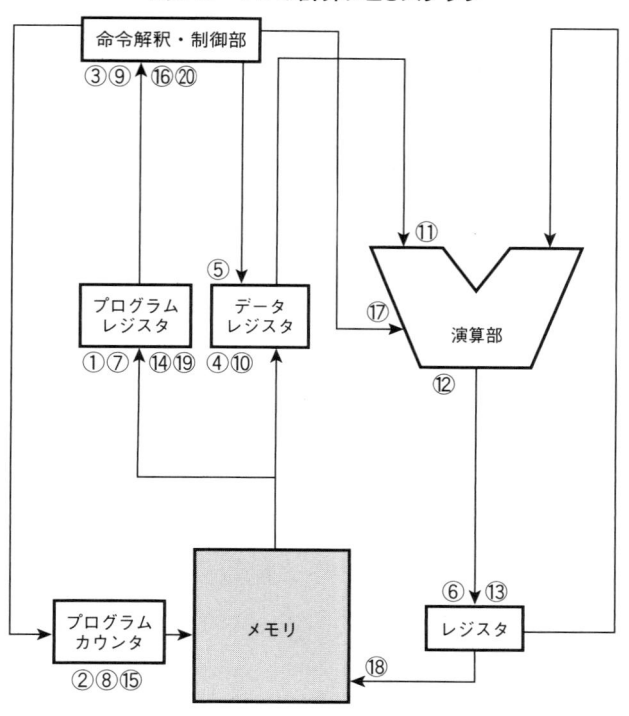

命令解釈・制御部
③⑨⑯⑳

プログラムレジスタ
①⑦⑭⑲

データレジスタ
⑤
④⑩

演算部
⑪
⑰
⑫

プログラムカウンタ
②⑧⑮

メモリ

レジスタ
⑥⑬
⑱

第5章　167

ることはできないのです。
2）プログラム・カウンタを1つ進める。

　※プログラム・カウンタというのは、コンピュータがどこまでプログラムを読み出したかを記憶するための装置です。コンピュータの演算部も、命令解釈・制御部もプログラムのことを扱わないので、こういう装置が必要なのです。

3）命令解釈・制御部がプログラム・レジスタの中を読み、「10番地のデータを読む必要がある」と判断する。
4）メモリの10番地からデータを読み出し、データの一時保管場所「データ・レジスタ」に置く。
5）命令解釈・制御部がデータ・レジスタに「中のデータを演算部に送れ」と指示する。
6）演算部に送られた10番地のデータは、とりあえず何も処理する必要がないので、演算部専用の保管場所（レジスタ）に置く。
7）プログラムの2行目（'AD11'）が読み出され、プログラム・レジスタに入る。
8）プログラム・カウンタが1つ進む。
9）命令解釈・制御部がプログラム・レジスタの中を読み、「11番地のデータを読む必要がある」と判断する。
10）メモリの11番地からデータを読み出し、データ・レジスタに置く。
11）命令解釈・制御部がデータ・レジスタに収められたデータを演算部に送る。
12）演算部のレジスタに入れておいたデータ（数字の1）と新たに送られてきたデータ（数字の2）を足す。
13）計算結果（数字の3）を演算部のレジスタに格納する。

14) プログラム3行目（'ST12'）がプログラム・レジスタに入る。
15) プログラム・カウンタが1つ進む。
16) 命令解釈・制御部がプログラム・レジスタの中身を読み、内容を判断する。
17) 命令解釈・制御部が演算部に「レジスタの中身をメモリに転送しろ」と指令する。
18) レジスタの中身、つまり計算の答えが13番地に入る。
19) プログラム4行目（'HALT'）がプログラム・レジスタに入る。
20) 命令解釈・制御部がプログラム・レジスタの中身を読み、プログラムを終了させる。

　コンピュータが1＋2＝3の計算をするだけで、なんと20個ものステップが必要になるということが、これでお分かりいただけたでしょう。人間の感覚からすれば、付き合いきれないほど、くどくて面倒なステップを踏んでコンピュータは動いています。
　しかも、このステップはどれ1つとして同時に行なうことはできません。プログラムを1行読みこみ、それに合わせてプログラム・カウンタを1つ進める——こんな簡単なことでも、コンピュータは同時に行なえないのです（逐次処理）。
　しかも、そのうちの1つの作業が早く終わったとしても、すぐに次のステップに移れるわけではありません。コンピュータの内部では、どんな作業であっても決められたタイミングで行なうことになっています。この図には書いてありませんが、ＣＰＵの回路には一種の時計があって、その時計が刻むリズムに合わせて作業が1つずつ進んでいくことになって

います。

　もちろんコンピュータのことですから、そのリズムは１秒間に何億回という、途方もないテンポです。

　しかし、足し算をするだけでも20ステップが必要なことから想像できるように、私たちが実際にワープロで文章を書いたり、コンピュータで画像を処理しようとすれば、ちょっとした作業でも何百億、何千億というステップになり、それだけ処理に時間がかかってしまうことになるわけです。

　何百億、何千億というと、普通の人には気の遠くなるほどの数ですが、コンピュータが分かるプログラムを書くには、どんなに大変でも、１つ１つの作業を細かく指示するしかありません。高級言語と呼ばれるプログラミング言語でも、その事情は変わりません。プログラミングがやっかいというのは、このことが大きく関係しています。

　しかし逆に言えば、そうしたコンピュータの癖をよく呑みこみ、コンピュータに分かりやすい「話しかけ」ができるようになれば、プログラムの世界に入りやすいということでもあります。よく「プログラミングの勉強をしたのだけれども、結局、身に付かなかった」という人がいますが、そうした発想を身に付けず、プログラミング言語の「単語」を覚えただけで終わってしまっているからです。

　これは何もプログラムに限った話ではありません。

　英語やフランス語を覚えたからといって、素敵な外国人の恋人ができたり、外国で仕事ができて金持ちになれるわけでもないというのと同じことです。相手の気持ちを思いやるという姿勢がなければ、日本人が相手でもなかなか恋人は見つからないだろうし、また、自分自身に魅力や情熱がなければ、誰も一緒に仕事をしようとは言ってくれません。逆に、そう

した思いやりや情熱があれば、言葉に少々ハンディキャップがあっても、通用するというものでしょう。

コンピュータもそれと同じです。プログラミングで最も大事なのは、まず「何をやりたいか」というアイデアであり、また「コンピュータに分かりやすく説明する」という姿勢なのです。このことを抜きにしてプログラム教本にかじりついても、なかなかプログラミングはマスターできません（ただ、コンピュータ・プログラミングの場合、正確にプログラムを書くことも大事です。コンピュータは不器用なので、〝片言〟では分かってくれません）。

では、コンピュータとコミュニケートしていくには、何が大切か――そのことを次にご説明したいと思います。

プログラムの鍵・アルゴリズム

逐次処理という、やっかいな「癖」を持っているコンピュータと付き合うには、何が大切か。コンピュータのプログラムを書こうとするとき、何が大事なのか――そこで私が強調したいのは、アルゴリズム algorithm の重要性です。

アルゴリズムとは、日本語に訳すと「解法」、すなわち解き方という意味です。

たとえば、ここによくシャッフルされたトランプが1組あったとします。それを順番どおりに並べるとすると、あなたなら、どのようなやり方をしますか。

52枚のカードの中から、まずスペードのAを探し、それが見つかったら、スペードの2を探す……こういうやり方でも、

もちろんカードをきれいに並べることができるでしょう。

しかし、それよりももっとスピーディに、そして簡単にできる方法がありますね。とりあえず、カードをスペード、ハート、ダイヤ、クローバーと分類して、それぞれを積みあげておく。それが終わったら、今度はそれぞれの山をA（エース）からK（キング）の順番に並べる。こちらのほうがずっと簡単でしょう。

このように同じことをやるのでも、いろいろな「解き方」が考えられるわけですが、このことをコンピュータ・プログラミングの世界ではアルゴリズムと呼びます。プログラムのよし悪しは、ひとえにアルゴリズムにかかっていると言っても過言ではありません。

プログラムとは、コンピュータに対する「指示書」だと書きましたが、アルゴリズムは「ぶきっちょな」コンピュータにスムーズに仕事をさせるための工夫、アイデアということです。「どんなやり方でもいいから、とにかくやれっ」と怒鳴っても、コンピュータは不器用なのですから、放っておくと時間ばかりがかかってしまいます。そこで、「こうすれば、もっと簡単にできるよ」というのがアルゴリズムなのです。

アルゴリズムを考えるというのは、パズルにも似ています。まじめに、正攻法で解き方を考えるのも大事なのですが、ちょっとひねった見方、考え方をすることで別のアルゴリズムが見つかったりします。

アルゴリズムに「正解」なし

　その一例として、ここで「数字を順番に並べる」というアルゴリズムを考えてみましょう。

　ここに「9、3、8」という3個の数字が並んでいるとします。これを小さい順に並べ直すという作業をコンピュータにさせる場合、どのようなアルゴリズムが考えられるでしょう。

　数字を順番に並べ替えるというのは、コンピュータにとって実はやっかいなことなのです。人間なら、一目で「3、8、9」という順だと分かるわけですが、そもそもコンピュータには3つの数字を同時に比べるという能力がありません。コンピュータにできるのは、2つの数字を比較することだけ。これもフォン・ノイマン型の限界です。

　ですから、この場合で言えば、
1）9と3を比較し、3のほうが小さいと判断する
2）3と8を比較し、3のほうが小さいと判断する
3）8と9を比較し、8のほうが小さいと判断する
　という、3つの比較を経てようやく「3、8、9」という正解にたどり着くというわけです。

　さて、今の例はたった3つの数字の並べ替えでしたが、これが10個の場合、コンピュータにどのように指示すれば、正解を導き出せるでしょう。

　もちろん、コンピュータのやることですから、一度に比較できるのは2つの数字だけ。この条件で、10個の数字を並べ直すには、どのようなやり方があるかということです。

この問題をもう少し分かりやすくするために、10枚のトランプを数の小さな順にするという形に具体化して考えてみましょう。

誰でも考えつく方法は「トーナメント方式」ではないでしょうか（**図5-4 P.175**）。

10枚のトランプをトーナメント方式で比較し、まず最初に最も小さなカードを決め、それを左端に置きます。その次に残った9枚でふたたびトーナメントを行ないます。そこで勝ち残るのは2番目に小さなカードなのですから、そのカードを左から2番目に置く。そしてまた、残った8枚で3回目のトーナメントを行なって、3番目のカードを決める……こうやってトーナメントを繰り返していけば、文句なしに小さな順に並べることができるわけですが、この「アルゴリズム」の欠点は、比較の回数が最初から決まってしまっている点です。

最初のトーナメントでは9回、次のトーナメントでは8回、その次では7回……つまり、全部で9＋8＋7＋6＋5＋4＋3＋2＋1＝45回の比較を絶対に行なわなければならないわけですが、もし偶然にも最初から小さな順にカードが並んでいたとしても45回の比較を行なうことになってしまいます。これは何とも無駄なような気がします。もっといい方法はないでしょうか……。

バラバラに並んだ数字を大きさの順に並べ替えるという作業を、アルゴリズムの世界では「ソート」と呼びます。ソートとは整列のことですが、ソートはアルゴリズムの中で最も基本的なものであり、また実際のプログラミングの中でも頻繁に使われるものです。

先ほど紹介した「トーナメント方式」は、正式には単純選

図5-4　トーナメント方式のソート

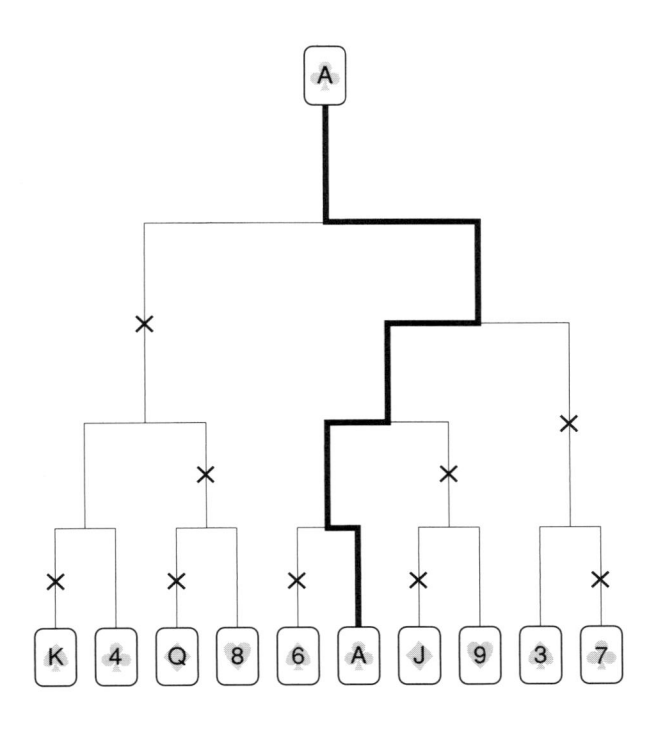

択法と呼ばれるもの。もちろん、最も基礎的なソートなのですが、この他にバブル・ソート、ヒープ・ソート、クイック・ソート、直接挿入法、シェル・ソートなど、いろんなソートがあります。アルゴリズムの教科書を見れば、こうしたソート法が軽く10種類は紹介されているでしょう。

なぜ、それだけ多くのソートがあるかといえば、「これで決まり！」という最高のソート方法がないからです。状況によって、また比較する数の個数によって、最善のソート方法は変わってきます。ですから、先ほど説明した単純選択法にしても、そのやり方はいかにもオーソドックスで融通の利かないものですが、けっして悪いものとはいえません。「正解がない」というあたりがアルゴリズムの面白いところでもあります。

クイック・ソート

さて、この本ではもちろんすべてのソート・アルゴリズムを紹介するわけにはいきません。そこで一般的に「最も早い」とされているアルゴリズムを紹介してみましょう。その名も「クイック・ソート」です。この方法を先ほどのトランプの例で説明してみましょう。

クイック・ソートの中心となるアイデアは、10枚のカードをひとまとめに扱わない点です。とりあえず、数が小さなカードの集団、大きな集団というぐあいに2グループに分ける。そのあとに、それぞれのグループの中で順番を決め、この2グループを合体させれば、目的どおり小さな順番になるとい

図5-5 クイック・ソート

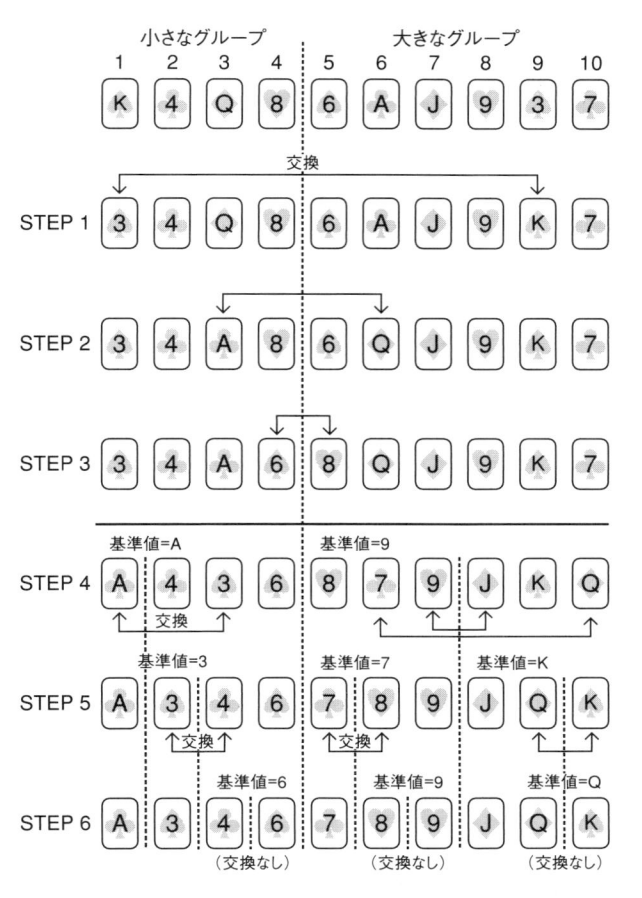

小さなグループ / 大きなグループ

```
       1   2   3   4 : 5   6   7   8   9  10
       K   4   Q   8 : 6   A   J   9   3   7
```

交換

STEP 1: 3 4 Q 8 : 6 A J 9 K 7

STEP 2: 3 4 A 8 : 6 Q J 9 K 7

STEP 3: 3 4 A 6 : 8 Q J 9 K 7

STEP 4: 基準値=A | 基準値=9
A 4 3 6 : 8 7 9 : J K Q
↑ 交換 ↑   ↑   ↑   ↑

STEP 5: 基準値=3 | 基準値=7 | 基準値=K
A : 3 4 6 : 7 8 9 : J Q : K
    ↑交換↑   ↑交換↑   ↑   ↑

STEP 6: 基準値=6 | 基準値=9 | 基準値=Q
A : 3 : 4 6 : 7 : 8 9 : J : Q K
（交換なし） （交換なし） （交換なし）

う考えです。

では、実際にカードを使って、クイック・ソートをやってみましょう。10枚のカードが図5-5（P.177）のように並んでいるとします（以下の説明は、本物のトランプを図のとおりに並べて確かめてみると、さらに理解しやすくなります）。この10枚のカードを大きな組と小さな組に分けてみます。

カードを2つの集団に分ける際の境目となる数を何にするか——これは適当に決めるしかありません。きれいに5枚ずつに分かれるのがいいのでしょうが、5番目に小さなカードがどれかは、まだ分からないのですから、当てずっぽうに決めるしかありません。

ここではかりに、10枚のカードの真ん中あたりということで、左から5番目のカードを選び、そこに書かれている6という数字を基準にします。この基準値、つまり6よりも大きいか小さいかで、10枚のカードを小さな数の組と大きな数の組に分けるわけです。ここでは左側に小さな数のグループ、右側に大きな数のグループに分割していきましょう。

さて、この2グループの分け方ですが、コンピュータが行なうのですから一度には分けられません。もちろん1対1の比較が基本です。

そこでやり方としては、基準値の6以上か以下かをカードごとにチェックしていきます。

具体的には、まず左からカードをチェックしていき、6以上のカードが左側に並んでいないかを調べていきます（実際にトランプを並べて試す場合、チェック済みのカードを伏せておくといいでしょう）。すると、いちばん左のカードがK（キング）で、6以上であることが分かりました。

そこで、今度は右から順に6以下のカードがないかをチェックします。すると右から2番目のカードが3なので、それに該当します。そこで次の作業としては、この2つのカードを入れ替えます（STEP 1）。
　交換が済んだらカードのチェックを続けましょう。すると今度は、左から3枚目のカードがQ（クイーン）で、基準値6以上であることが分かりました。そこで次に右から6以下のカードを調べてみると、右から5枚目のカードがA（エース）であることに気が付きました。そこでこの2つのカードを交換します（STEP 2）。
　さて、残るはカード2枚のみ。左から4枚目のカードは8、右から6枚目のカードは6、人間なら深く考えなくても、この2枚のカードを入れ替えてしまうわけですが、コンピュータは融通が利きません。ですから、これまでどおりの判断規則を当てはめていきましょう。
　すると左から4枚目のカードは6以上ですので、交換候補になります。では、右から6枚目のカードはどうでしょう。すると、このカードは6。ここで、これまでの決まりを思い出してみましょう。それは「右からチェックしてきたカードの場合、それが基準値6以下なら交換候補にする」というものでしたね。「6以下」と言う場合、6も含まれるわけですから、このカードは交換候補になります。そこで、8のカードと6のカードを入れ替えます（STEP 3）。
　なお、ここで補足しておけば、クイック・ソートでは基準値のカードは小さな数のグループに入ることもあれば、大きな数のグループに入ることもあります。何ともいい加減なのですが、このいい加減さがクイック・ソートのよさなのです。
　これでグループ分けの作業は終了です。どうですか？　お

おおざっぱながら、これで10枚のカードが大きな組と小さな組に分かれたことが確認できるでしょう。

もちろん、これでカードのソートが終わったわけではありません。この2つのグループをそれぞれ順序正しく並べる作業が残っています。しかし、10枚のカードを一度に比較検討して順序正しく並べるより、4枚のカードの組、6枚のカードの組をそれぞれ並べ替えるほうが、ずっと手間もかからないことは容易に想像が付くはずです。

ちなみに、このグループ分けしたカードをさらに整列させるには、今行なったグループ分けのやり方を繰り返してもいいし、ソートするカードの枚数が少ないので、先ほど説明した単純選択法を応用しても結構です。アルゴリズムの呼び方としては、グループ分けを繰り返す方法を「再帰型のクイック・ソート」、別の方法を使うやり方を「非再帰型のクイック・ソート」と呼びます。再帰とは「ふりだしに戻る」というぐらいの意味です。参考までに、再帰型のクイック・ソートで分けた場合の作業プロセスを図5-5（**P.177**）に示しました。興味のある方は実際にトランプを並べて確認してみてください。

プログラムと小説の類似点

さて、クイック・ソートの説明はいかがでしたか？　ソートは実際のプログラミングの勉強でも、とても重要なところですので少々理解に骨が折れたかもしれません。

えっ、「学生のころ、むずかしい授業を受けていたときの

ことを思い出した」ですって？　なるほどそんな気分かもしれません。ですが、アルゴリズムの勉強と受験勉強との間には大きな違いがあります。学校の勉強では、習ったことを覚えるのが、試験でいい点数を取るためには不可欠でした。しかし、アルゴリズムの勉強では、丸暗記はさほど大事ではありません。

　もちろん実際のプログラミングで、ソートはしばしば使われるわけですから、覚えているに越したことはありません。が、ソートのアルゴリズムなどは大書店のコンピュータ書コーナーに並んでいるアルゴリズムの教科書や事典を見れば分かること。暗記している必要はないのです。

　しかし、だからといってアルゴリズムを軽く見てはいけません。

　私はかねてから「プログラムを書くというのは小説を書くことに似ている」と思っています。

　文章が上手に書け、言葉をたくさん知っていれば、すぐにいい小説が書けるというわけではありません。まず大事なのは、その作品の中で、どんなストーリーを展開しようかというアイデアです。面白い「プロット（あらすじ）」がなければ、人を楽しませる小説は書けません。

　それと同じように、プログラム言語をひととおりマスターしたからといって、プログラムを書けるというものでもないのです。まず「この作業をコンピュータにさせるには、どんなアルゴリズムがいいだろう」と考えなければ、いいプログラムは書けません。

　その意味で、アルゴリズムを勉強することは、プログラミング言語の勉強をするよりずっと重要だと言えるわけです。

プログラマーに求められる
資質とは

　本書の若い読者の中にも「プログラマーになってみたいな」と思っている方があるでしょう。本職としてのプログラマーでなくても、「日曜ソフト作家」として何かプログラムを作ってみたいと考えておられる方もあるかもしれません。

　アメリカに比べると、日本はプログラマーが圧倒的に不足していると言われます。コンピュータの用途が広がっていくにつれ、プログラマーの活躍する場もどんどん増え、アメリカなどではソフト製作で大金を稼いでいるプログラマーも続々と出ています。

　ところが日本ではどういうわけかプログラマーのなり手が少なく、慢性的な人手不足の状況が続いているわけです。ことに有能なプログラマーは、どこの企業でも血眼になって探しています。なぜ、こうした人手不足が起こっているのか、その理由はいろいろと言われていますが、1つには学校教育の問題が関係しているのではないでしょうか。

　アメリカと違って、日本の学校教育、ことに受験教育では何より暗記が優先されています。最近では数学でさえ暗記科目として扱われているほどです。こうした学校生活を送ってきたために、いつしか「勉強とは丸暗記だ」というイメージが日本中に広まっているわけですが、そのこととプログラマー不足とは大きく関係しているように思えてなりません。つまり「プログラミングも要するに、無味乾燥なコンピュータ言語を覚えることだろう」と思われ、そのためにプログラムの勉強を敬遠する人が増えているのではないかと思うわけで

す。
　プログラミングがつまらないなんて、とんでもない！　アルゴリズムを考えてプログラムを作るのは、小説を書くことと同じくらいクリエイティブで面白いことです。斬新でユニークなアルゴリズムを考え出す、柔軟な発想力こそ、プログラマーに求められている資質です。お金の話はあまりしたくありませんが、誰も考えつかなかったコンピュータの利用法を考え出すことができれば、億万長者になることだって夢ではないのです。この点でも、小説家とプログラマーは似ています。
　とはいっても、「アイデアさえあれば、勉強しなくてもプログラマーになれる」というつもりもありません。
　小説家を目指すなら、やはりいっぱい小説を読み、自分なりの文章術を磨いておいたほうがいい。それと同じように、プログラマーを目指すのであれば、すでに作られたアルゴリズムを知っておいたほうがいいし、プログラミング言語の勉強をするのも欠かせません。しかし、それだけでプログラムのことをマスターしたと思ってはいけないということなのです。
　本書では、個々のプログラミング言語やプログラムの作り方についての解説はあえて割愛しましたが、もし、あなたがプログラミングに興味があるのなら、ぜひご自分でチャレンジしてみてください。
　大きな書店のコンピュータ書コーナーに行けば、何種類もプログラミングの教本が売られています。その中で自分に合ったものを選び、独学してみるのも結構ですし、またコンピュータ学校に通うという方法もあります。コンピュータ言語の勉強は、けっして楽ではありませんが、もし、あなたが情

熱を持ち続けることができるのなら、きっといいプログラマーになれると信じています。

第6章

世界を変えた小さな「石」

1970年代末に起こった
「パーソナル・コンピュータ革命」。
パソコンの登場は、
コンピュータ史の流れを完全に変えてしまいました。
この大変革をもたらしたのは、
小さな小さなシリコン・チップでした。

ノイマンの遺産

　今日、私たちが使っているコンピュータの基本的構造は1940年代にほぼ完成したと言っても間違いではありません。
　2進数の形に直したデータやプログラムをメモリに読みこみ、それらをブール代数に基づく論理回路で逐次処理する……世界中で使われているコンピュータのほとんどは、今から半世紀以上も前のアイデアに基づいて動いているわけです。
　これはよく考えてみると、実にすごいことです。それは自動車と比較して考えてみれば分かります。
　世界で最初の自動車は、今から約230年前の1769年、フランスのN．J．キュニョーが作った蒸気自動車だと言われていますが、それが改良され、今のような形に落ち着くのは20世紀も半ばになってからのこと。つまり、自動車が製品として完成するのにはおよそ2世紀もかかっているのです。
　エンジン1つをとってみても、蒸気エンジンや電気エンジンなどさまざまな試行錯誤が行なわれ、ようやくガソリン・エンジンにたどり着くのは19世紀後半。今では常識になっている丸いハンドル（ステアリング）が考案されたのは、何と20世紀に入ってからです。アクセルやブレーキが足でペダルを踏む形に定着するにも、相当な時間がかかっています。私たちが知っている自動車になったのは、つい数十年前のことなのです。
　技術というのは、最初にアイデアを考え出せば終わりというものではありません。着想を実用化するまでには、さまざまな壁を突破しなければなりません。それには長い長い時間

がかかるのです。

　これは自動車に限ったことではありません。たとえば活版印刷は15世紀にグーテンベルクが発明したとされますが、それが大量印刷技術に発達するのは、それから300年以上ものちの19世紀のことでした。

　ところが、電子式計算機、つまりコンピュータの場合は違います。歯車や電磁石によるリレーではなく、真空管を計算回路に使おうという考えが最初に生まれてから、10年も経たないうちに実用第1号のＥＮＩＡＣができ、その直後には現在の「フォン・ノイマン型」コンピュータが完成するわけですから、これは恐るべきことです。また、第2章で説明したシャノンの情報理論が登場するのも、ちょうどこの時代。さらに本書ではあえて紹介していませんが、その他、今日のコンピュータ技術の根幹となるアイデアや理論のほとんどは、1940年代から50年代にかけて出そろってしまった観があります。

　わずか10年足らずという短い期間で、1つの技術、それも社会全体を変えるインパクトを持った新技術がほぼ完成したことなど、これまでの人類史上になかったことだし、また、これからも当分は起こらないのではないかと思います。

　もちろん、こうした飛躍の背景に、戦争という要素があったことは無視できません。しかし、軍が巨額の予算を投じ、将軍たちが号令をかけたからといって、新技術ができるわけではありません。また、かりに作られたところで、それが完全なものにしあがるという保証はどこにもないわけです。

　その意味で「コンピュータの誕生は奇跡であった」と言っても、あながち大げさではないと思います。コンピュータの登場に欠かせない天才たちの活躍時期が1940年代を中心とす

る短い時期に集中し、しかも、そのとき世界大戦が起こっていたというわけですから、偶然にしてはよくできすぎています。信仰深い人が見れば「コンピュータは神様が与えてくださったのだ」と思うのではないでしょうか。

現在、私たちが暮らしている宇宙の姿は、ビッグバンのほんの一瞬のうちに作りだされたものだと言われていますが、コンピュータにとっては、1940年代のあの時期がまさにビッグバンの時代でした。この時代、コンピュータは「科学者の夢」から一挙に現実のものになりました。そして、このビッグバン時代に作られたコンピュータの基本構造は、いまだに現役です。現代の私たちはノイマンたちの〝遺産〟で暮らしているとも言うことができるでしょう。

天才すら予測できなかった「未来」

現代の私たちは1940年代の遺産で生きている——こう書くと、読者の中には「なんだ、じゃあそれから半世紀以上、コンピュータはちっとも進歩していないのか」とがっかりする人があるかもしれません。しかし、もちろん、それは違います。

1950年代、フォン・ノイマンがコンピュータについて熱弁をふるっている記録映像を見たことがあります。前にも書いたとおり、ノイマンは1957年、原爆実験の放射能のせいで54歳の短い生涯を閉じていますから、ノイマンが実際にしゃべっている映像自体、とても貴重なものと言えるでしょう。

さて、そこでノイマンが語っていることであらためて感心

したのは、発明されて間もない時期であるにもかかわらず、ノイマンがコンピュータの可能性をよく見抜いていたということです。その中で彼は「コンピュータは単なる計算機ではない。この機械は社会全体にとてつもない変革をもたらす大発明なのだ」ということをさかんに力説しています。

このころ、コンピュータは政府や軍、一部の大企業などでしか使われておらず、社会への影響力などほとんどありませんでした。ですから、当時の人々はノイマンの言っているのが、ただの夢物語かホラ話にしか聞こえなかったでしょう。しかし、天才ノイマンの目には今日のコンピュータ社会の姿がはっきり見えていたというわけです。

しかし、さすがのノイマンでも予測しきれなかったことが、ただ1つあります。

記録映画の中で、ノイマンは次のように語っていました。それは「技術が発達していけば、やがてビルほどの大きさのコンピュータが作られる。そのようなコンピュータともなれば、人間の脳と同じくらいの知能を持つだろう」という話です。

ご承知のとおり、人間なみの知能を持ったコンピュータ、つまり人工知能はまだ作られていませんし、それができる見こみも今のところありません（このことについては、後ほどゆっくり説明します）。でも、人工知能はひょっとすると遠い将来、実現するかもしれませんから、彼の予言がまったく外れたとまでは言えません。問題は前半部です。

彼は、コンピュータの性能が向上するにしたがってコンピュータの物理的サイズも大きくなるに違いないと考えていたようです。そして、究極的にはビルぐらいの大きさにまでなると言っています。

しかし、現実にはコンピュータは大きくなるどころか、どんどん小さくなり、今や携帯電話の中にまで入れるようになりました。そして今や「どこでもコンピュータ」の時代に入ろうとしているわけです。予言が外れたどころか、まったく正反対のことが起きたのです。

超コンピュータHAL9000

　しかし、これはノイマンだけを責めるわけにはいきません。彼にかぎらず、当時の人たちはコンピュータはもともと巨大なものと思っていました。そして性能が上がれば、当然コンピュータのサイズも大きくなっていくと考えていたのです。まさかテレビや洗濯機などの中にまでコンピュータが使われるなんて、誰も予想もしていませんでした。

　その象徴的な例は、スタンリー・キューブリック監督が作った「2001年宇宙の旅」に登場するコンピュータHAL9000です。映画やSF小説の中で登場するコンピュータの中で、HALほど有名なコンピュータはないでしょう。

　このHAL9000は、宇宙船ディスカバリー号に搭載されている人工知能コンピュータです。SF界の巨匠アーサー・C・クラークが書いた原作によれば、その性能は人間の理解力を100万倍も超えるとされています。まさに超コンピュータと言えるでしょう。

　月面上で発見された謎の物体「モノリス」が木星に向けて発する電波の意味を調べるべく、宇宙船ディスカバリー号が木星に派遣される。ところが、HALがその過程で〝心の

病(やまい)にかかり、人間の乗務員たちに生命の危険が及んでくるというのが、映画のあらすじです。

さて、ここでとても興味深いのは、「2001年宇宙の旅」の中で、HALが巨大コンピュータとして描かれている点です。HALの正確なサイズは映像からは分かりませんが、巨大宇宙船のかなりの部分をHAL本体が占領していることは間違いありません。

「たかがSF」と思われるかもしれませんが、原作者クラークはSF作家であると同時に、有名な科学評論家です。若い頃にはロンドンのキングストン・カレッジで物理学と数学を専攻し、優秀な成績で卒業していますし、現在の私たちの生活に欠かせない通信衛星のアイデアを世界ではじめて提出したのはクラークでした。ですから、クラークの科学技術に関する知識はけっしていい加減ではないし、むしろ正確なものであったわけです。

「2001年宇宙の旅」の公開は1968年のこと。ノイマンが「ビルくらいの大きさのコンピュータ」と言ったのは1950年代のことですから、10年経っても、その常識は変わっていなかったわけです。

ところが、その後、コンピュータは爆発的な変化を遂げます。

かつて部屋を占領するほど巨大だったコンピュータは、今や手のひらに収まるようになりました。同時に価格も安くなり、今ではちょっとした家電製品でもコンピュータを使うのは常識になっています。かつてのコンピュータといえば超高額商品で、軍や政府、企業といったところでなくては買うことができませんでした。さらに昔のコンピュータは専門的知識を持ったプログラマーでなければ操作できなかったのが、

今では幼稚園児でもコンピュータ・ゲームで遊ぶ時代です。

　キューブリックの映画が作られてから、まだ30年しか経っていませんが、その短い期間に、コンピュータのイメージは完全に変わってしまったわけです。コンピュータの基本構造はフォン・ノイマン型であっても、その形、値段、使われ方は30年前とは比較になりません。

　このような短期間の技術進化もまた、コンピュータならではの出来事と言えるでしょう。こんなに急激に安くなり、使いやすくなった技術の例は人類史のどこを探しても見つからないと思います。

　それはコンピュータと同時期に開発されたロケットを見れば分かります。ロケット技術もコンピュータと同様、米ソという大国が国家の威信をかけ、巨額の資金を投じて開発したものですが、宇宙空間に行くことができるのは、いまだに一部の人に限られています。もし、ロケットがコンピュータと同じように発達していれば、今ごろは気軽に宇宙に行けていてもおかしくないわけですが、むろん、そんなことは夢物語のままです。

　では、コンピュータに比べてロケットの研究者たちの能力が低かったのか──もちろん、そんなことはありません。20世紀の初頭には、人類が宇宙に行けると本気で信じた人は誰もいなかったのに、それを短期間でなし遂げ、月旅行まで成功させたのですから、ロケット技術の発展も驚くべきものです。

　しかし、そのロケットの進化をはるかにしのぐペースで、コンピュータは技術を飛躍させました。今でこそ私たちはコンピュータに囲まれ、コンピュータを当然のものとして生活していますが、こんなことが起こるとは天才ノイマンですら

予測できなかったのです。

　それではいったい、この大変化は誰が、いつ起こしたのか——巨大コンピュータから「どこでもコンピュータ」に至る50年間の激動を、これからお話ししていきたいと思います。

巨人を倒した小さな「石」

　コンピュータの半世紀を前と後ろの2つに分けるとするならば、前半期は「巨人IBMの時代」ということになるでしょう。1970年代前半まで、IBMはコンピュータの代名詞でした。

　先ほど紹介した人工知能コンピュータHAL9000の名前も、実はIBMをもじったものです。IBMという言葉をアルファベット1文字分だけずらしていくと、HALになるでしょう？　映画「2001年宇宙の旅」の中では、今では潰れてしまったパンアメリカン航空が宇宙に行く定期ロケット便を飛ばしているというぐあいに実在の固有名詞が出てくるのですが、宇宙船のコンピュータには実在のIBMを使わず、HALとしたのです。

　この映画ができたころ、IBMといえばコンピュータ界の「巨人」でした。商業用コンピュータにおけるIBMのシェアは、なんと70パーセント。このIBMの独占に対して、いろんな企業が挑戦をしたのは言うまでもありません。その中には、富士通や日本電気などという日本の大メーカーの名前もありました。しかし、結局のところ、誰もIBMをうち負かすことができませんでした。IBMの天下は未来永劫続く

と誰もが考えていました。

　ところが、そのIBMの時代を覆(くつがえ)す動きが1970年代に始まります。それは「マイクロプロセッサ」の発明です。コンピュータの複雑な回路を、1つの部品の中に収めたマイクロプロセッサが開発されたことによって、コンピュータの世界は急激に変化を遂(と)げます。あれほど強大な力を持っていたIBMの時代は終わりを告げ、新しい時代、すなわち今日のコンピュータ社会が始まるのです。

　聖書の中にダビデが巨人ゴリアテを小さな岩1つで倒すという物語が出てきますが、マイクロプロセッサという小さな部品は、まさにゴリアテを倒した石になったというわけです。

IBMを作った男

　話が先に行きすぎてしまいました。

　IBMというと、私たちはコンピュータ・メーカーというイメージを持っていますが、ことの起こりは事務機の会社でした。そもそもIBMというのは「インターナショナル・ビジネス・マシンズ」の略称で、第2次大戦前は会計や統計用の機械を製造・販売する会社だったのです。

　IBMの創立者はトマス・ワトソンという人です。彼はNCR（ナショナル・キャッシュ・レジスター）という会社でキャッシュ・レジスター（商店のレジ）を売るセールスマンとして働いていたのですが、たちまち頭角(とうかく)を現わして同社の経営陣にまでのし上がります。相当なやり手だったようで、そのままいればNCRの社長になれたはずですが、経営の内

IBM創立者トマス・ワトスン

紛からこの会社を辞めさせられ、40歳のときにCTRというライバル社に移籍します。そして、その会社の経営をたちまちのうちに建て直して、ついにCTRの経営権を獲得し、1924年、社名をIBMと改めます。

やがてアメリカは大恐慌に突入するのですが、不況にもかかわらず、ワトソンのIBMは会計用の機械でぐんぐん成長を遂げました。1940年前後にはワトソンは「全米一稼ぐ男」と言われるほどになります。ニューヨーク州の田舎町出身のセールスマンが大富豪になる――まさしくワトソンはアメリカン・ドリームの申し子であったわけです。

この当時のIBMが売っていたのは、一種の機械式計算機です。堅い厚紙でできたカードに穴を開けることでデータを打ちこみ、そのカードの束を機械に読みこませると、データの集計ができるというものです。この機械を使うと、やっかいな簿記や統計の作業が簡単にできるというので、不況期、今で言うリストラを行なっていた企業はIBMの機械を喜んで導入し、ワトソンの会社は急成長を遂げたというわけなのです。

「ビッグ・ブルー」

　機械式計算機からコンピュータへ――CTRからIBMへの転身は今から考えると当然すぎるほど当然に見えますが、実はそれほど簡単に話は進みませんでした。

　もちろんIBMの総帥ワトソンは、早くから計算機が機械から電気の時代に移るということを見抜いていたわけですが、

彼が目を付けたのは電子式計算機ではなく、電気式のほうだったのです。戦争が始まり、軍が高性能計算機の開発に乗り出したことを知り、ＩＢＭは軍に資金提供を申し出ます。ここで軍と共同して、次世代の計算機作りをやれば、ＩＢＭの技術力が上がると思ったのですが、そうしてできあがったのはＥＮＩＡＣではなく、1世代前の電気式計算機ハーバードMARK-Ⅰだったのです。

　ですから、戦争が終わってみるとＩＢＭは時代の流れに乗り遅れてしまいました。モークリーとエッカートが作ったUNIVAC-Ⅰを皮切りに、いろんな会社がコンピュータの製作に乗り出すようになったのですが、ＩＢＭがようやくコンピュータを発売したのは1950年代になってからのことです。その間、ＩＢＭは他の会社がコンピュータを売るのを指をくわえて見ていなければなりませんでした。

　しかし、ここからＩＢＭの反撃が始まります。

　技術では先を越されたものの、ＩＢＭには戦前から持っていた販売網と資本力がありました。ことにＩＢＭのセールスマンの強さは全米一の定評がありました。

　ＩＢＭのことを、別名「ビッグ・ブルー」ということがありますが、これは「セールスマンは紺のスーツを着用すべし」という社内規定があったことに由来するあだ名です。

　戦前のアメリカでは、セールスマンというと、あまり信用されない職業でした。口先三寸で粗悪品を売りつける連中という悪いイメージがありました。そこでＩＢＭのワトソンは、こうしたイメージをユーザーに与えないよう、スーツ、それも地味な紺の背広の着用を義務づけました。そして、このきまりを破ったセールスマンは、どんなに優秀でも首にしました。一事が万事で、みずからも天才的なセールスマンだった

ワトソンの指導で、IBMのセールス部隊といえば当時から有名だったのです。

この「青いセールス軍団」の活躍によって、IBMは出遅れをたちまちカバーしてしまいます。何しろ、当時のコンピュータといえばひじょうに高額な商品ですから、企業の側もいきおい慎重になります。どうせ買うのなら、ぽっと出の新興メーカーより、きちんとスーツを着たセールスマンのいる有名企業から買ったほうが安心だと思ったのは無理もありません。また、IBMには資金力がありましたから、赤字覚悟の安い金額を提示できます。これでは、たとえ性能では上でも他の企業は勝ち目がないというものでしょう。

白雪姫と7人の小人——やがてコンピュータ業界はそう呼ばれるようになりました。白雪姫は言うまでもなく独り勝ちのIBM。その他のメーカーは白雪姫の周りで飛び跳ねている小人たちだというわけです。

ユーザーを囲いこむ
メーカー戦略

ここで少し余談になりますが、コンピュータ業界ほどマーケット・シェアがモノをいう世界はありません。とにかく最初は赤字覚悟でもいいから、ひとりでも多くの人に自社の商品を買ってもらう。儲けを考えるのは、二の次——このやり方を最初に実践したのがIBMでしょう。

コンピュータが他の商品と違うのは、いったん1つのメーカーの商品を買ってしまうと他社製品に乗り換えにくくなるという点です。たとえば自動車なら、違うメーカーの商品を

買っても別に困りません。どこのメーカーでも、ハンドルは手で動かすし、アクセルやブレーキの位置も同じです。

　ところがコンピュータの場合、ハードウェアでもソフトウェアでも、一度あるメーカーのものを買ってしまうと、なかなか別のものに変えるわけにはいきません。それまで慣れ親しんできたソフトが使えなくなったり、過去の文書データなどが新しいコンピュータでは読みこめないというケースが起こりうるからです。

　こうしたコンピュータならではの特性を利用して、ＩＢＭの時代から今日に至るまでメーカーは「ユーザーの囲いこみ戦略」を取ってきました。どんな方法であろうとも、とにかくユーザーを自分の陣営に引きこむ。そうしてマーケットのシェアを獲得してしまえば、あとはいくらでもユーザーからカネをひっぱり出せる、というわけです。

　この傾向が極度に過熱しているのが、現在のソフトウェア業界です。たとえば、他社のワープロソフトを使っている人に対して、「あなたが今、使っているソフトを当社の製品に乗り換えてくれれば、特別に割り引きします」などと、甘い言葉をなげかける。そうして、いったんユーザーにしてしまうと、今度は態度が一変して「今、使っているソフトは古くなりました。高機能で使いやすい新バージョンが欲しければ、お金を振りこんでください」というダイレクト・メールが次から次に届くというぐあいです。

　ソフトの改訂作業、いわゆるバージョン・アップの回数は年を逐うごとに激しくなっています。かつては数年に１回のペースだったものが、今では１年に１回、いや数ヶ月に１回というテンポになっているようです。そのたびに金を振りこんでいたのでは、いくらお金があっても足りるものではあり

ません。
　本当なら、こんなバージョン・アップの知らせなど無視してしまいたいのですが、実際にはそうも言っていられません。
　というのも、たとえばワープロのソフトで言えば、バージョンが違うと同じソフトで作った文書データでも読みこめなくなるという事態が起きるからです。
　自分自身は古い版でじゅうぶん満足しているのでバージョン・アップなどしたくない。ところが、知り合いや会社の同僚がさっさと新しいバージョンに変えてしまったものだから、他人が作った文書が自分の持っている旧版では読みこめなくなってしまうというわけです。だから結局、メーカーの思惑どおり新しい版に買い換えざるをえなくなるのです。
　ところが、それだけでは話は終わりません。現在のパーソナル・コンピュータのソフトウェアではバージョンが上がるたびに機能が追加されるのですが、その分だけプログラムが肥大化し、動作が遅くなっていきます。そこで動作が遅くなった分をカバーするために、コンピュータそのものを買い換えなくてはならないはめに陥るわけです。ですから、頻繁なバージョン・アップに付き合っていたら、ソフト代ばかりかハードにも余分なお金を使わなければならないのです。「コンピュータはカネ食い虫」という悪口を言われるのは、こうした事情があるからです。
　もちろん、こんなやり方が長く続くはずはありません。「わが世の春」を謳歌していた巨人ＩＢＭですら、やがて時代の変革に飲みこまれてしまいました。同じことは今のソフトウェア業界でも起こりうることだし、実際にその流れは始まっています。
　本書の最初のほうで述べた「どこでもコンピュータ」の動

きも、その1つです。現在のパーソナル・コンピュータのように、いろんなソフトを盛りだくさんに載せていると、結局は価格も高くなる。そこでもっと小さくて使いやすい、単機能のコンピュータが求められているわけです。

　また後ほど詳しく述べますが、「コンピュータはみんなのもの」という思想から、ボランティアでソフトウェアを作り、それをインターネットで無料で配布するという運動もさかんです。もちろん、だからといってソフトウェア・メーカーが消え去るわけではありませんが、今のようにユーザーを馬鹿にしたビジネスのやり方は、いずれ変わらざるをえなくなると私は予測しています。

メイン・フレームと
スーパー・コンピュータ

　話を元に戻しましょう。
　IBMは資本力と販売力を活かして、商業用コンピュータの世界を瞬く間に制覇していったわけですが、その間、他のコンピュータ・メーカーも手をこまねいていたわけではありません。その中には、IBMが手がけないようなジャンルのコンピュータを開発して、独自の市場をつかんだメーカーもあります。CDC（コントロール・データ・コーポレーション）やクレイ社などは、その代表的なメーカーです。
　これらの会社が作っていたのは科学技術用コンピュータ、のちにスーパー・コンピュータと言われるものでした。
　IBMが得意としていた「メイン・フレーム」と呼ばれるタイプのコンピュータは「何でもできるコンピュータ」とし

て開発されました。これ1台さえあれば、経理の計算もできるし、お客さんのデータ・ベース管理もできるし、研究開発にも使えるというのがメイン・フレームの謳い文句です。IBM最大のヒット商品となったコンピュータは1964年に完成した「IBMシステム360」シリーズなのですが、この360という番号は「360度、どの用途にも応用できます」という意味がこめられています。IBMのメイン・フレームが多くの企業に採用されたというのも、こうした汎用性が魅力的だったからと言えるでしょう。

さて、これに対して、スーパー・コンピュータのできることは、たった1つ。このコンピュータは計算にしか使えません。ただし、その計算スピードたるやメイン・フレームなど問題ではありません。

コンピュータの速さを表わす尺度にはいろいろなものがありますが、代表的なものの1つにFLOPSというものがあります。FLOPSとは「652.238765×0.231」といった実数の計算を1秒間に何回こなせるかを示す単位です。

現在のパーソナル・コンピュータの計算能力は、数十〜数百MFLOPSといったところでしょう。MFLOPSのMは「メガ」、つまり100万の意味。すなわち1秒間に数千万〜数億回の計算ができるということです。単純比較では、パーソナル・コンピュータはちょっと前のメイン・フレームと対抗できるほどの能力を持つようになっています。

しかしスーパー・コンピュータともなれば数百GFLOPS級のものは珍しくありません。Gとは「ギガ」の略で10億の意味です。1秒間に数千億回の計算を軽々とこなしてしまうことになります。文字どおり、スーパー・コンピュータは桁違いの計算能力を持っているのです。

ところが、近年、パーソナル・コンピュータやゲーム・マシン用のマイクロ・プロセッサとして、数ＧＦＬＯＰＳ級の製品が発表されました。ついにマイクロチップも「ギガの時代」に突入したというわけですが、これはあくまでもカタログ上の数値で、家庭用のコンピュータがスーパー・コンピュータなみになったというのは、やや大げさといえるでしょう。
　エンジンの排気量や馬力さえ大きければ自動車の最高速度が上がるわけではありません。スピードの向上にはエンジンだけでなく、タイヤなどの足回り、ボディの設計なども重要なファクターです。それと同じように、コンピュータも単にＣＰＵが速ければいいというものでもありません。メモリへのアクセス速度、外部記憶装置の性能なども重要な要素です。
　その点、スーパー・コンピュータは、速度を最優先にしてすべてがチューンナップされていますから、いくらパーソナル・コンピュータの性能が上がったといっても、猫と虎ぐらいの違いがあるのです。
　さて、このスーパー・コンピュータは１台で数十億円ぐらいの値段になるのですが、どんなに値段が高くとも、速いコンピュータが必要というところは、案外多いのです。
　スーパー・コンピュータが活躍する代表的な分野といえば、天気予報です。気象庁では各地の気象データや衛星写真を分析して天気予報を作っているわけですが、このデータ分析は時間との戦いです。何しろ、明日の天気を分析しているうちに、その明日が来てしまったというのではシャレになりません。だから気象分析では、とにかく速いコンピュータが求められているわけです。同じような理由から、軍事関係でもスーパー・コンピュータは使われています。敵の動きを分析したり、自国の軍隊に命令を下したりするのも時間との勝負で

す。

　このような超高速コンピュータはもちろんフォン・ノイマン型ではありません。計算を早く処理するために工夫された独自の回路設計になっています。そのため、メイン・フレームに力を入れていたIBMには苦手な分野でした。そこに目を付けたのが1957年に創立されたCDCであり、また、そのCDCから分かれたクレイ社だったというわけです。これらの会社は、軍や政府、高速計算を必要としている企業などにスーパー・コンピュータを売って、かなりの成功を収めました。

　ちなみに、1976年に発売されたクレイ社のコンピュータCRAY-I（クレイワン）は、スーパー・コンピュータの代名詞にもなった有名なマシンですが、このコンピュータは独特の円柱形をしています。みなさんも一度は写真で見たことがあるのではないでしょうか。

　巨人IBMに挑戦したのは、こうしたスーパー・コンピュータの会社ばかりではありません。メイン・フレームを小型にしようとしたDEC（デジタル・エクイップメント社）のPDPシリーズも、その1つです。

　当時のコンピュータは大型で、誰もが簡単に使えるという代物（しろもの）ではありませんでした。コンピュータは厳重な鍵がかけられた「計算機室」なる部屋に置かれているというのが常識でした。

　そこで60年代半ばに登場したのがミニコン、つまりミニ・コンピュータです。大型コンピュータは1台何億円もしたのに対して、PDP-8は数百万円ぐらいで安く、研究室などに置けるというので、かなりの人気を呼びました。一種の「隙間（すきま）商品」と言うことができるでしょう。

しかし、ミニとは言っても、そのサイズは「メイン・フレームに比べればミニ」ということであって、今の感覚からすれば全然コンパクトではありませんでした。

トランジスタ誕生

　IBM独占体制に対抗するため、スーパー・コンピュータやミニ・コンピュータなどが誕生してきたわけですが、結局のところ、これらの試みも巨人IBMを揺るがすほどではありませんでした。マーケット・シェアの7割以上も独占し、顧客をつかんで放さないIBMの前には、誰も歯が立たない状況がずっと続いていました。

　ところが、IBMのこうした繁栄とは別のところで、大きな時代の波がうねりを見せ始めていたのです。それは電子回路の革命です。

　「電子回路の革命」が始まったのは第2次世界大戦が終わって間もない1948年のことです。

　真空管を使った最初のコンピュータENIACが完成してから2年後のこの年、後の世界に大きな影響を与える発明がアメリカで発表されました。

　発表したのは、ベル研究所のウイリアム・ショックレー、ジョン・バーディンとウォルター・ブラッテンの3人。彼らは真空管に代わる新しい装置「トランジスタ」を開発したのです。

　前に触れたことと重なりますが、トランジスタとは半導体を利用して作られています。半導体とは、状況によって電気

第6章　205

左からJ.バーディン、W.ブラッテン、
W.ショックレー

ジャック・キルビー

を通さなかったり、通したりする物質のことです。こうした半導体の性質は古くから知られていたのですが、ショックレーたちはこの半導体をうまく利用すれば、真空管と同じ働きをする装置が作れることに気が付いたわけです。

このトランジスタの発明は、のちにコンピュータのマイクロ・プロセッサを産み、さらにはパーソナル・コンピュータを登場させるものだったのですが、このトランジスタを作った3人は自分たちの発明品に自信を持っていたものの、それがのちにコンピュータに大革命をもたらすものになろうとは想像もしていませんでした。そもそも彼らがいたベル研究所とは電話会社の付属研究所でした。

しかし、彼らが発明したトランジスタはさっそくコンピュータにも使われるようになりました。それまでの真空管は熱に弱く、冷蔵庫なみにクーラーをかけていないと真空管式のコンピュータはたちまち回路が動かなくなってしまいます。また真空管は寿命も短いので、しょっちゅう切れた真空管を交換していなければならなかったので、熱に比較的強く、動作も安定していたトランジスタの登場は大歓迎されたわけです。1950年代に入ると、コンピュータの回路はみなトランジスタに変わっていきました。

写真とICの意外な関係

トランジスタの誕生から、さらに10年経った1959年、今度はICが考え出されます。

ICを発明したのはジャック・キルビーとロバート・ノイ

スの2人です。彼らは別々の研究室で、ほとんど同時期に同じものを作りだしました。

ICとは「インテグレーテッド・サーキット Integrated Circuit」の略で、日本語では集積回路と訳します。集積回路の名のとおり、電子回路を1つの半導体の上に載せたものがICです。

ひとくちに電子回路といっても、それにはいろいろな部品が必要です。トランジスタの他に、抵抗やコンデンサ、あるいはダイオードと呼ばれるものが組み合わさることで、ラジオやアンプなどの回路が作られているわけですが、実はこうした電子部品はすべて半導体で作ることが可能なのです。その詳しい原理はここでは触れませんが、半導体はトランジスタばかりが利用法ではないわけです。

この事実に気が付いたのがキルビーとノイスでした。彼らが考えたことは同じです。すなわち「どうせ、同じ半導体で部品ができているのなら、個々の部品を板の上に並べてつなげるのではなく、最初から1つの半導体の上に作ってしまったほうが便利ではないか」ということでした。

同じ半導体にトランジスタや抵抗などを作りこみ、その上からあたかも印刷のように金属の線をプリントしてしまえば、面倒なハンダ付けの手間も要りません。また、回路自身も小さくできるというわけです。

もう少しだけ、詳しくICの作り方を説明してみましょう。

そもそも半導体の主原料となっているのは、シリコンやゲルマニウムという物質なのですが、実はこれらの物質だけでは有用な半導体になりません。純度100パーセント近くまで精製したシリコンなどに、ほんの少し不純物が混じることで、その物質は有用な性質を持つようになります。その不純物半

導体の組み合わせ方によって、それがトランジスタになったり、ダイオードになったりするわけです。

この不純物の加え方が、ＩＣ作りのポイントです。まず不純物半導体の元となる純度の高いシリコンの板を用意します。その板の上にトランジスタを作りたいとすれば、トランジスタにしたい部分以外を完全にマスクしてやり、その上から不純物のガスを吹き付けます。すると、マスクに覆われていなかった個所だけが変質して、トランジスタの働きをするというわけです。このように、必要な種類の不純物を加えていけば、同じ板の上にトランジスタやダイオードなどの部品が作れるのです。

こうしたマスキングには写真技術が応用されています。シリコンの表面に写真の感光液のようなものを塗り、その上からマスキングのパターンをスライドのように投影します。すると光の当たった部分だけが変質するので、そこだけを洗い流すとマスクができあがり、ミクロのレベルで回路が作りこめるというわけです。

コンピュータ界の「コロンブスの卵」

1959年に開発されたＩＣはその後、どんどん集積度を増し、ＬＳＩ、ＶＬＳＩと発展していきました。ＬＳＩは大規模集積回路、ＶＬＳＩは超大規模集積回路という意味です。

わずか数ミリ角のシリコン・チップ上に載せることのできる部品の数は飛躍的に増えていきました。現在の私たちが使っているパーソナル・コンピュータのＣＰＵは、たった１つ

のチップの上に数百万個のトランジスタが作りこまれています。ＩＣがＬＳＩに進化した当時は「1000個ものトランジスタが載っているＩＣができた！」と騒がれたものですが、現在のＶＬＳＩから考えるとまるで子どものオモチャのようなものに興奮していたのだと思わざるをえません。

　さて、話を電子回路の革命からコンピュータに戻しましょう。

　トランジスタからＩＣ、そしてＬＳＩ、ＶＬＳＩへと電子回路が飛躍的に発達したことは当然ながら、コンピュータにも大きな影響を与えました。ＩＣ技術を応用することで、コンピュータはどんどん小さくなっていき、ついにはパーソナル・コンピュータが誕生するわけですが、実はここに面白いドラマがあるのです。

　今の私たちから見れば、複雑なＣＰＵの回路をそっくりそのままＬＳＩに変え、コンピュータを１枚のシリコン・チップにしてしまうのは当然のことのように思えるでしょう。ところが、どういうわけか当時のコンピュータ関係者は、誰もそれを思いつきませんでした。もちろん、ＩＢＭだってＩＣやＬＳＩの技術をメイン・フレーム作りに活かしていました。しかし、それはあくまでも個別の回路を集積化するだけのことで終わっていて、ＣＰＵすべてのワン・チップ化は行なわれていませんでした。

　というのも、当時のイメージでは、ＩＣとは特定用途の回路を小型化するためのもので、いわばカスタム・メイドの部品だと考えられていたからです。そのため、何にでも使えるコンピュータの回路をＩＣにするという発想が浮かばなかったのです。

　思いこみというのは、こわいものです。後から考えると何

でもないのに、先入観に捉われているために、目の前にある正解が見えなくなってしまう——CPUのワン・チップ化はまさしくコンピュータ界の「コロンブスの卵」だったのでした。

マイクロ・プロセッサを産んだ電卓戦争

　CPUの回路を1つのチップに収めたものを「マイクロプロセッサ」と言います。世界最初のマイクロ・プロセッサは1971年、誕生します。このときからパソコン革命が始まり、巨人IBMの時代は終わりを迎えるのですが、そのパソコン革命のきっかけを作ったのは日本の電卓でした。

　1965年ごろから日本では、今でも語りぐさになっている「電卓戦争」が始まりました。トランジスタを利用した電卓が1964年、シャープから発売されると、それを追いかける形で日本中の大小メーカーが電卓生産に乗り出します。その激烈な技術競争によって、当初、数十万円もした電卓はトランジスタからやがてICに変わり、値段もまたたく間に安くなり、小型化していきました。

　そうした電卓メーカーの1つにビジコンという会社がありました。この会社は60年代の終わりころ、「次世代の電卓はLSIを使ったものになるだろう」と考え、日本のLSIメーカーにその開発を依頼しました。ところが、ビジコンの要求しているものが、当時としては複雑なものであったので、どのメーカーからもすげなく断わられてしまいます。

　そこで困ったビジコンは、アメリカのLSIメーカーの

インテルに、このチップの製作を頼まざるをえませんでした。今でこそインテルは世界のＣＰＵ市場で大きなシェアを持っている企業ですが、当時はまだ新興間もない弱小メーカーでした。ビジコンからのやっかいな頼みを引き受けたのも、経営のためだったと言われます。

ところが、このビジコンとインテルの組み合わせが、世界で最初のマイクロ・プロセッサを産み出すことになりました。

そもそもビジコンの考えていたチップがいろんなメーカーから生産を断わられたのは、その設計が複雑だったと書きましたが、それも当然で、これは一種のマイクロ・プロセッサといってもいいほどのものでした。ビジコンのアイデアは、単にＬＳＩで小型化するというだけではなく、プログラム内蔵方式を採用するという斬新なものだったのです。

しかし、ビジコンの考えたのはあくまでも「プログラム内蔵型の電卓」であって、コンピュータそのものではありませんでした。そのため、回路も複雑なものにならざるをえません。

そこで製造を引き受けたインテルは、「それなら電卓用ＬＳＩを作るのではなく、コンピュータの回路をＬＳＩ化してはどうだろう」と提案しました。数種の論理回路を組み合わせて作るコンピュータなら、設計は単純化できるし、ビジコンの希望する「プログラム内蔵」も実現できるというわけです。

そこでビジコンとインテルは共同で、史上初のワン・チップ・コンピュータの設計に乗り出しました。

こうやって作られたのがマイクロ・プロセッサ「4004」でした。

ちなみに、このとき日本から派遣され、インテルの技術者

テッド・ホフとともに「4004」の開発を行なったのが、ビジコン社に入社間もない嶋正利（しままさとし）という人でした。「4004」は、日米2人の技術者による共同作品だったというわけです。

その後、嶋さんのいたビジコンは電卓戦争の中で経営危機に見舞われるのですが、それを知ったインテルは彼をスカウトし、嶋さんはその後インテル社の初期マイクロ・プロセッサの開発に大きな貢献をしました。数年前、私（坂村）はインテル社を訪問したのですが、そこで見たインテルの資料にも嶋さんの名前は特筆されていました。何でもアメリカが一番と思っているアメリカ人たちの中には、コンピュータもマイクロ・プロセッサもアメリカ人が開発したと思っている人が多いのですが、マイクロ・プロセッサを作ったひとりが日本人であったことは間違いのない事実です。

パーソナル革命の始まり

さて、インテルはこうして世界最初のマイクロ・プロセッサのメーカーになったわけですが、このマイクロ・プロセッサの登場に熱狂したのは、町の電気工作マニアたちでした。インテルでさえ何に使うべきかよく分からなかったマイクロ・プロセッサを一目見て、彼らは「このチップさえあれば、自分用のコンピュータが簡単に作れる」と大喜びしたのです。

1970年代後半から、アメリカ西海岸を中心に、小さな小さなコンピュータ・メーカーが続々と作られました。ガレージの片隅でコンピュータを組み立て、それを売る。今で言うベンチャー企業が誕生し始めたのです。その中には、スティー

ブ・ジョブズとスティーブ・ウォズニアックという2人が作ったアップルがあったことは、あまりにも有名です。

この瞬間から、パーソナル・コンピュータの時代が始まりました。

ガレージの中で生まれたパーソナル・コンピュータは、あっという間に人気を集め、爆発的に普及していきます。この当時、最も売れていたパーソナル・コンピュータは、「<u>2人のスティーブ</u>」が作っていたアップルⅡでしたが、1980年には同社の売り上げは1億ドルを突破し、その後も倍々ゲームで業績を伸ばしていったのです。

1970年代の終わりころに開かれたパーソナル・コンピュータの展示会に、私は行ったことがあるのですが、その異常とも言える雰囲気を今でもありありと思い出すことができます。パーソナル・コンピュータが誕生して、まだ数年しか経っていないのに、そこにはたくさんのメーカーとユーザーが詰めかけ、むせかえるような熱気でした。

この当時のパソコンといえば、それこそオモチャ同然で、売られているソフトはごく簡単なゲームぐらい。あとは自分でプログラムを組むしかないというものでしたが、それでも多くの人たちがパソコンの登場を歓迎し、それに熱狂していたのでした。

巨人IBMの誤算

マイクロ・プロセッサの登場によって、これまでとは違うコンピュータ市場が誕生していることに、もちろんIBMは

気が付いていました。1981年、ＩＢＭはその名もIBM-PCというパソコンを発売します。「ビッグ・ブルー」の参入です。この当時のパソコン市場はアップル社が独占していたのですが、IBM-PCはわずか２年にしてマーケットの３割を獲得するほどの成功を示しました。

しかし、このIBM-PCこそが、のちにＩＢＭ自身を苦しめることになるのです。

鳴り物入りで発表され、評判を呼んだIBM-PCでしたが、その中身は実はＩＢＭ製ではありませんでした。

IBM-PCではＣＰＵはインテル社のマイクロ・プロセッサ、ＯＳ（コンピュータの基本ソフト）はマイクロソフト社の製品が採用されました。ＣＰＵもＯＳもパソコンにとって、最も重要なものです。自動車で言うならば、エンジンとシャーシ（車台）を他社から買ってきて組み立てているのと同じです。

なぜ、このようなことになったのかといえば、急速に発展しつつあったパーソナル市場にできるかぎり早く参入するために、時間のかかる自社開発を断念したためだと言われています。これはあくまでも想像ですが、ＩＢＭはメイン・フレームの市場でも出遅れての参入でしたから、その二の舞になるのを避けたかったのかもしれません。

しかし、だからといって、安易に他社の製品を購入し、それを組み立ててＩＢＭブランドとして売るというのは、やはりおかしな決断でした。そこには「覇者のおごり」があったと見るべきでしょう。

事実、この安易な選択によって、ＩＢＭはパーソナル・コンピュータの分野で完全に支配権を失ってしまいました。それまでＩＢＭが成功してきたのは、自社のコンピュータに客

を縛り付けていたからです。いったんＩＢＭのメイン・フレームを導入すると、その後は他社に乗り換えにくい。それで、ＩＢＭはなりふり構わぬ販売戦争をしかけ、大成功を収めてきたわけです。

ところがパーソナル・コンピュータでは、ＩＢＭはこの手法を忘れてしまいました。IBM-PCはたしかに売れてはいましたが、だからといってパソコンのユーザーたちはＩＢＭに縛り付けられているわけではなかったのです。

なぜなら、ＩＢＭのパソコンとは言ってもその心臓部はインテルとマイクロソフトの組み合わせです。だからユーザーにしてみれば、インテルとマイクロソフト製品が入ったコンピュータであれば、ＩＢＭでなくてもいいということになります。事実、IBM-PCが発売されて数年も経たないうちに、インテルとマイクロソフト製品を使った「IBM-PC互換機」が怒濤のように作られ、本家のIBM-PCよりずっと安い値段で売られ、人気を集めることになったのです。このため、わずか数年にして、ＩＢＭはパソコン市場での支配力を失ってしまいました。ユーザーはＩＢＭに囲いこまれたのではなく、ＩＢＭ互換機に囲いこまれたというわけです。

さらにＩＢＭに追い打ちをかけたのは、IBM-PCをビジネス用パソコンとして開発してしまったことです。それまでのパーソナル・コンピュータは、どちらかといえばゲームなどに使う趣味の商品でした。今からみると性能は低かったのですが、これに対してIBM-PCはオフィスでの使用を前提として作られていました。

ですから、安価な互換機が出回るようになると、これまでメイン・フレームを使っていた企業でもパソコンを導入する動きが出始めました。そして90年代に入ると、メイン・フレ

ームからパーソナル・コンピュータへという「ダウン・サイジング」の流れが決定的になり、コンピュータ市場におけるＩＢＭの存在感は薄れていくことになったのです。

この流れを覆そうと、もちろんＩＢＭはいろんな努力をしました。しかし、いったん歴史の流れが変わってしまうと、巨人ＩＢＭでさえその流れを変えることはできなかったのです。

ＩＢＭは互換機潰しのため、自社パソコンの規格を変えてみたり、あるいは自社独自のＯＳを載せたパソコンを発売したりしたのですが、それはかえって裏目に出てしまいました。なぜなら、ユーザーの多くはすでに互換機というマーケットに囲いこまれていて、今さら新しいパソコンに乗り換える気など、さらさらなかったからです。

わずか数年前には絶対的だったＩＢＭの権威は、パソコンの登場で崩れ去りました。今でもＩＢＭは巨大企業ではありますが、かつてのような威光はありません。巨人ＩＢＭも、マイクロ・プロセッサという小さな石につまずいてしまったのです。

そして、そのＩＢＭにとって代わったのが、初代IBM–PCに採用された２つの企業、インテルとマイクロソフトです。現在のパソコン業界において「ウインテル」（マイクロソフトの「ウインドウズ」と、インテルを合成した言葉）がとても大きなシェアを占めていることは、みなさんもよくご承知のとおりです。

しかしコンピュータ、ことにパーソナル・コンピュータの業界は何が起こるか分からない世界です。かつての戦国時代と同じく、下剋上が当たり前、企業どうしの合従連衡も日常のように行なわれています。今日の王者が、明日も王座に

すわっていられるかは誰にも分かりません。マイクロソフトとインテルの2社は今、まさに不動の地位に立っているように見えます。しかし、1980年代初頭までIBMも同じように見えていたことを忘れるわけにはいかないのです。

第7章

マシンと人間の架け橋「OS」

コンピュータの使い勝手を決めるのが
「オペレーティング・ソフト」、略してOS。
OS発展史を通して、
コンピュータと人間との
「あるべき関係」を
あらためて考えていきましょう。

ソフトの裏方

　前章の終わりに「IBM-PCはCPUとOS（基本ソフト）に他社製品を採用した」という話を紹介しました。

　IBMがパソコン市場で支配権を握れなかったのは、コンピュータの最も重要なCPUとOSを自社開発しなかったことが大きく影響したと書いたわけですが、パソコンの心臓部とも言えるCPUはともかくも、OSがコンピュータにとってそれほど大事なのは、なぜなのでしょう。また、IBMからOSを任されたことがきっかけとなり、マイクロソフトは「帝国」と呼ばれるほどに大きくなりました。そして今や、マイクロソフトのビル・ゲイツはアメリカ一の富豪と言われています。OSを売ることが、なぜそれほど儲かることなのでしょう……こうした疑問に答えるため、この章ではOSとは何かということについて、説明していきたいと思います。

　コンピュータにとって、ハードウェアとソフトウェアは車の両輪のように大事なものであることは、すでにみなさんはよくご存じでしょう。そして、プログラムがコンピュータをどのように動かしているか、そのメカニズムも見てきたわけですが、実際のコンピュータにおいてはプログラムは大きく2つの種類に分けられます。

　1つは基本ソフトウェアであり、もう1つが応用ソフトウェアです。コンピュータの世界では前者をOS（オペレーティング・システム）と呼び、後者をアプリケーションと言います。

　具体的な例で言えば、マイクロソフトの「ウインドウズ」

や、話題になっていたLinux(リナックス)といったソフトはOSであり、ワープロや表計算、あるいはゲームのソフトなどはアプリケーションの仲間です。

　パソコンにかぎらず、たいていのコンピュータには、OSとアプリケーションの区別があります。OSとアプリケーションは、それぞれ単独ではモノの役に立ちません。この2種類のソフトウェアが揃ってはじめて使いものになるのです。OSがなければ、アプリケーションだけあっても何の役にも立ちませんし、またOSだけを持っていても、アプリケーションがなければせっかくのコンピュータも宝の持ち腐(ぐさ)れになってしまいます。

　OSとはコンピュータを利用するうえで、基本的に必要な機能をまとめたソフトウェアのことを言います。

　たとえばキーボードを使って、文字を入力する。あるいは整理したデータをハード・ディスクなどに記録する。また、プリンターを使って印刷する……こうした「入力」や「出力」の処理は、およそどんな作業でも必要なことです。

　アプリケーション・ソフトウェアを作ろうとするとき、もしOSがなければ、こうした基本的な処理もそれぞれのアプリケーション側で行なわなければなりません。これはあまりにも手間のかかることだし、労力の無駄になることは言うまでもありません。そこで、こうした機能を最初からプログラムとしてまとめておいたのがOSなのです。

　OSがあれば、アプリケーションの開発はずっと楽になります。入力や出力といった基本的機能を使いたいときには、OSを呼び出して代わりにやってもらえばいいからです。

　またOSの働きで重要なのは、「ファイル」の管理です。ファイルとは0と1で書かれたデータやプログラムのことを

指します。コンピュータはプログラムを読みこみ、データを処理するわけですが、そうしたプログラムやデータは通常、外部記憶装置と呼ばれるものに保存されています。

　昔はデータもプログラムも、直接、人間がスイッチやキーボードなどを使って、そのつどコンピュータに直接入力していたものですが、それを毎回やるのはあまりにも大変です。

　そこで磁気テープやフロッピー・ディスク、最近ではハード・ディスクやCD-ROMに保存しておいて、何度も繰り返して利用するようになりました。こうしたデータやプログラムの「ファイル」を記憶装置の中に保存したり、読みこんだりするための機能が、OSには組みこまれています。コンピュータはプログラムやデータあってのものですから、ファイルの管理はとても重要かつ基本的な操作なので、基本ソフトであるOSがその役割を果たしているというわけです。

　OSの役割は、それだけではありません。

　現在のコンピュータでは、同時に複数のプログラムを利用することが当たり前になっています。たとえば、インターネットで調べものをして、その結果をワープロで文書にするとか、音楽ソフトで好きな歌を再生しながら、友だちに電子メールを送るといったことができるわけですが、こうしたぐあいに複数のソフトを同時に利用できるのは、アプリケーションの「交通整理役」としてOSが働いているからです（なぜ、一度に1つしか仕事のできないコンピュータが、同時に2つの仕事をこなせるのか、その謎解きは後でご説明します）。

　もしOSがなければ、個々のアプリケーションが「自分のほうが先だ」と言い張って、コンピュータは動かなくなってしまいます。そこでOSはアプリケーション間の調整をして、同時に複数のプログラムが動くようにしているというわけで

す。

　このように個々のアプリケーションでは対応するのが面倒だったり、アプリケーションだけでは解決できない処理を一手に引き受けてくれるのが、OSです。言うなれば、ソフトウェアの裏方であり、また陰の大親分というわけです。

キーボードは健康の敵!?

　OSはプログラム（アプリケーション）を作るうえで不可欠なものなのですが、コンピュータを実際に使うユーザーにとっても、OSはとても大きな意味を持ってきます。というのも、そのコンピュータの使いやすさが、かなりの部分でOSによって左右されるからです。

　コンピュータの使いやすさのことを論じるとき、よく使われるのが「HMI」（ヒューマン・マシン・インターフェース）という言葉です。インターフェースとは接触面といった意味です。人間（ヒューマン）とコンピュータ（マシン）の間を取り持つもののことを、HMIと言います。ですから、ひとくちにHMIといってもハードウェアも関係してくるし、ソフトウェアも関係してきます。

　コンピュータのよし悪しのかなりの部分は、このHMIにかかっていると言えるでしょう。いくら高性能でも、使いにくいHMIを採用していれば、そのコンピュータの価値は半減してしまいます。逆に多少、性能は悪くてもHMIのいい機械であれば手放したくなくなるものです。

　ハードウェアとしてのHMIの代表的なものがキーボード

です。マウスやタッチ・パッドといった装置も使われてはいますが、やはりコンピュータの操作ではキーボードが最も大きな比重を占めます。

ところが、現在使われているキーボードぐらい、ＨＭＩの思想に欠けているものはありません。日本では1960年代ぐらいから、キーボードを長時間にわたって使った人たちに「頸肩腕症候群」と呼ばれる症状が起こることが目立ってきました。頸や腕の筋肉痛、肩コリから始まって、ひどい人になると指や腕がしびれてくるといった症状が起きてくるのです。

長時間にわたって同じ姿勢でいれば、人間の体に悪影響を与えるのは当然のこととも言えるわけですが、その害を少しでも減らすことはけっしてむずかしいことではありません。ところが現状を見れば、キーボードの形状はこの100年間、本質的なところは何も改良されずにいるのです。

もともとキーボードは、タイプライターのために生まれました。タイプライターが実用化されたのは19世紀末のことで、作ったのはアメリカのレミントン商会という会社ですが、このレミントン製タイプライターが、今日のキーボードの原型になっているのです。

このレミントンがタイプライターのキー配列を考えた際、最も重要視したのは、なんと「キーを速く打てなくすること」でした。当時のタイプライターはキーを叩くと、先端に活字のついたバーが動いて紙に印字するというメカニズムだったのですが、あまりに速くキーを叩くと、バーとバーとがぶつかってしまい、最悪の場合、機械の内部で交差したまま動かなくなってしまうおそれがあったのです。そこでレミントンでは、キーボードの文字配列をわざと使いにくくしました。そうすれば、キー入力のスピードを制限できるからです。

つまりレミントン以来のキーの並び方を「QWERTY」配列と言います。QWERTYとはキーボード上段に並んでいるキーを左から順に読んだものですが、QWERTY配列という名前からも分かるように、このキーボードでは英語の中で最もよく使うEやR、Tといった文字がみな左手の側に集められています。こうすることによって、頻繁に使われる文字を続けざまに打ちにくくしているのです。前に説明したモールス符号は、よく使われる文字ほど短く、簡単にして通信の効率を上げたわけですが、キーボードの場合、むしろ逆になっていると言えるでしょう。

デファクト・スタンダードとは何か

ところで、タイプライターはレミントン社だけが作っていたわけではありません。この当時はメーカーごとに独自のキーボード配列でタイプを作っていました。それが結果としてレミントンのQWERTY配列が主流になったのは、製品の出来がよかったこともさることながら、それ以上にレミントンの販売戦略が上手だったからです。

いくらタイプライターを作っても、実際に使える人がいなければ売れるはずはないことに気が付いたレミントンは、全米にタイプ学校を作り、そこでタイピストを養成したのです。このアイデアはみごとに成功しました。タイプ学校を卒業したタイピストを企業は喜んで採用しましたし、レミントンのタイプライターも大いに売れました。こうしてレミントンに慣れたユーザーが増えてしまったので、同社のキー配列は他

社のタイプライターでも使われるようになったというわけです。

　これは余談ですが、レミントンの企業努力によりタイピストという職業が成立したことで、大きな恩恵を得たのは女性たちでした。この当時、アメリカには女性の働き口がほとんどなく、「女は家庭に入るもの」というのが常識でしたが、レミントンのタイピスト養成学校には、自立を目指す女性たちが集まり、多くの「職業婦人」が誕生したのです。レミントン社は、はからずも女性解放の手伝いをしたというわけです。

　ところで、こうしたプロセスで決まった基準のことを一般に「デファクト・スタンダード」（事実上の標準）と呼びます。キーボードの配列をＱＷＥＲＴＹにするということは、みなで話しあって決めたことではありません。レミントンのキーボードがあまりに売れてしまい、ユーザーがそれに慣れてしまったために、他社もそれを真似せざるをえなくなり、結局、スタンダードになったというわけなのです。

　一番売れたものにしたがう——経済学の言葉でいえば、デファクト・スタンダードとはマーケット（市場）が決めた標準ということになります。多数の人が買う商品がスタンダードになるというのは、ある面では民主的と言えるのですが、しかし、デファクト・スタンダードが最善のものである保証はありません。

　ＱＷＥＲＴＹ配列にしても、同じことです。レミントンのキーボードはタイプが故障しないようにという差し迫った事情から、キー配列そのものは「改悪」されました。それはそれで理由のあったことなのですが、そのキーボードがいまだにデファクト・スタンダードであるというのは、やはりおか

しなことです。

　今のコンピュータではいくら速くキーを打とうとも、中でこんがらかる心配もありません。しかも、キーボード全体のメカニズムも機械式から電子式になったわけですから、全体のデザインを人間工学に沿ったものにすることも、むずかしくありません。ところが、いまだに非効率的な、そして健康に悪いキーボードが使われているわけです。

　もちろん、こうした状況を変えようという試みも行なわれています。キー配列に関しては、アメリカのオーガュスト・ドボラックという人が「最速入力」を目指して開発した「ドボラック・キーボード」が有名です。このキー配列はQWERTYよりも70パーセントほど効率的で、しかも疲れないと言われています。

　下の写真に掲げたのは、私が開発したTRONキーボードです。従来のキーボードとはまったく違うので、奇をてらってデザインしたもののように思われるかもしれませんが、キ

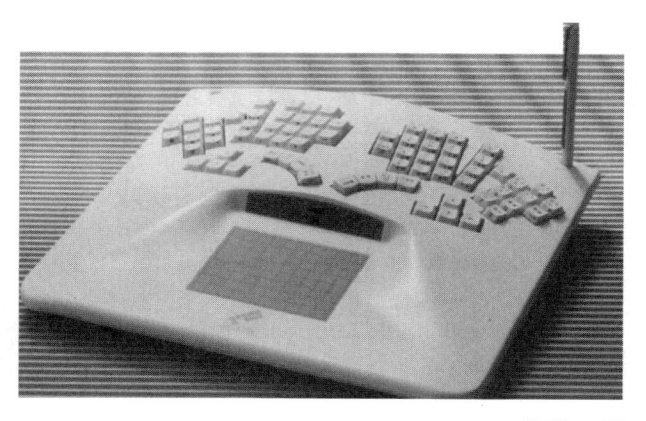

一入力をしても手が疲れないキーボードを追求すると、こんな形になるのです。

　TRONキーボードでは、最も指や腕がリラックスした状態でキーが打てるよう、キーの位置もキーボードの形も工夫を凝らしています。キーの手前に広いスペースを取っているのは、パーム・レストといって手のひら（palmパーム）を乗せるためのものです。手を宙に浮かせたまま、タイプすると腕によけいな負担がかかり、肩や腕、さらには頸に障害が起こるからです。もちろん、キーの配列もかな漢字変換による日本語入力の特性に合わせたものになっています。また、アルファベットのキー配列もドボラック方式が採用されています。

　キーボードというと、一般的には「パーソナル・コンピュータを買えば付いてくるもの」というイメージが強く、あまりキーボードの出来不出来は問題にされないのが普通です。しかし、キーボードやマウス、あるいはディスプレイは使う人の健康を考えた場合、最も重要なハードウェアと言うことができます。カタログ上の性能だけが、パソコンの選択基準ではないということです。

OSはコンピュータの操作性を決める

　コンピュータの使いやすさ、つまりHMIの問題を考えるとき、ハードと並んで重要になってくるのがソフト、とりわけOSです。

　もちろん個々のアプリケーションでもHMIは大事なので

すが、そのアプリケーションもOSがあってこそ動くわけですから、コンピュータの使い勝手はOSで決まるといっても大げさではありません。

メイン・フレームの時代、コンピュータのユーザーはプログラミングに熟達し、ハードのこともよく知っている専門家が主でしたから、このころのOSは当然のことながらエキスパートが使用することを前提としていました。ですから、初心者にとってはひじょうに使いにくい、言うなれば「しきいの高い」OSであったわけです。

この当時のコンピュータ画面といえば単に文字を表示するだけのもので、ユーザーもキーボードから命令を打ちこんでコンピュータを操作していました。アプリケーション・ソフトを動かすのも同様で、そのソフトの名前を打ちこむのです。

こうした文字だけのインターフェースのことを「CUI」（キャラクター・ユーザー・インターフェース）と呼ぶことがあります。キャラクターとは、「文字」を意味する英単語です。キーボードから入力する文字によって、コンピュータと会話するのがCUIというわけですが、コンピュータは融通の利かない機械ですから、その命令がほんの1文字でも間違えていたら、エラーになってしまいます。したがって、コンピュータを使うには、まずマニュアルを徹底的にマスターし、覚えておかねばなりません。CUIベースのOSは、熟練者にとってはひじょうに便利なものではあるのですが、初心者にはとっつきにくい代物だったのです。

IBM-PCに採用されたマイクロソフト社のMS-DOSもまた、このCUIのOSでした。

MS-DOSとは、マイクロソフト・ディスク・オペレーティング・システムの略。ディスクとわざわざ謳ってあるのは、

第7章　231

このころからパーソナル・コンピュータの記憶装置として<u>フロッピー・ディスク</u>が使われるようになったからです。もちろん、パソコンとメイン・フレームとではOSそのものは大きく異なりますが、「初心者にやさしくない」という点では同じであったわけです。

ところで、マイクロソフトは、IBM-PCのOSを提供することで莫大（ばくだい）な利益を得、飛躍することになったわけですが、これは一種の幸運のたまものでした。

というのも、IBMは最初、マイクロソフトではなくデジタル・リサーチ社のCP／MというOSを採用するつもりでいました。CP／Mはすでにパーソナル・コンピュータ用のOSとして圧倒的な人気を得ていたからです。ところが、IBMが大企業にありがちな官僚主義をちらつかせたため、デジタル・リサーチはIBMが嫌（いや）になり、商談から降りてしまったのです。そこで、しかたなくマイクロソフト社に話が持ちこまれ、機を見るに敏なビル・ゲイツがそれに飛びついたというのが真相でした。当時のマイクロソフト社はパソコン用言語のBASICで稼いでいましたが、OSについては経験がなく、大慌てで<u>MS-DOS</u>を開発するはめになったと言われます。それにしても、もし、このときデジタル・リサーチがIBMの話に乗っていたら、コンピュータ業界の状況は大きく変わっていたに違いありません。

初心者にやさしいGUI

IBM-PCにかぎらず、初期のパーソナル・コンピュータの

OSはみなCUIでした。もちろん、CUIはCUIなりに使いやすさを目指してさまざまな工夫がなされてはいたのですが、やはり当時のパーソナル・コンピュータは初心者にとって、とてもむずかしいものであったわけです。急速に普及したとはいえ、このころのパソコンはマニアか、仕事上、どうしてもコンピュータを使わなければならない人たちだけが使っていたと言っても過言ではありませんでした。

こうした状況を変えたのは、1984年に発表されたアップル社のマッキントッシュでした。現在のように、パーソナル・コンピュータが多くの人に使われるようになったのは、なんといっても「マック」の影響が大と言うべきでしょう。

マッキントッシュで採用されたOS（Mac OS）は、GUI（グラフィカル・ユーザー・インターフェース）をその最大の特徴にしていました。

コンピュータのスクリーン上には、アプリケーション・ソフトが小さな絵（アイコン）として表示され、ユーザーがそのプログラムを動かすには、アイコンの上でマウスをクリック（ボタンを押すこと）すればいいというのが、マッキントッシュのOSです。このようにキーボードから文字で命令を打ちこむのではなく、絵、すなわちグラフィックによってコンピュータを操作するというのがGUIの基本概念です。今ではマイクロソフト社もウインドウズというGUIでOSを提供していることはみなさんもご存じでしょう。

GUIの特徴は、何と言っても初心者に分かりやすいこと。コンピュータに対するコマンド（命令）を暗記しなくともマウスを操作すれば、とりあえずソフトが動きます。GUIの登場は、これまでコンピュータを敬遠していた人たちにパソコンを普及させるうえで、大きな役割を果たしました。

当初、パソコン用のGUI-OSはマックの独擅場でしたが、マイクロソフトもウインドウズを発売し、今では、パソコンといえばＧＵＩが当たり前と思われるほどになったのは、ご承知のとおりです。

「仕事」の概念を変えた
マッキントッシュ

　さてGUI-OSのマッキントッシュに人気が集まったのは、何と言っても、直感的に操作できるという点が魅力だったからですが、マッキントッシュの革新的な点はそれだけではありません。

　前にも記したように、マッキントッシュが登場するまでのパーソナル・コンピュータのユーザーは主としてマニアと、仕事上どうしてもコンピュータを使わざるをえない人たちでした。「ビジネスに使えるコンピュータ」と称して発売されたIBM-PCは後者のユーザーを狙って作られ、人気を博しました。

　しかし「ビジネスに使える」といっても、このころのパーソナル・コンピュータは、一種の事務機として使われていた観がありました。朝、出勤して最初にパソコンのスイッチを入れる。すると、退社時間まで秘書はずっとワープロを打つだけだし、経理の人は表計算で仕事をするだけ——せっかくのコンピュータも、ワープロ専用機、経理専用機として使われていたわけです。

　こうしたパーソナル・コンピュータの使い方に疑問を呈したのが、マッキントッシュでした。IBM-PCは「パーソナ

ル・コンピュータ」といっても、個人のコンピュータではなく、企業のためのコンピュータではないのか——コンピュータを個人が所有できるのだから、OSも変わるべきだというのがアップル社の主張だったのです。

IBM-PCが想定していた「ビジネス」とは、大企業のそれでした。大企業では、効率化を目指すためにセクションごとで仕事を分業します。営業、経理、生産……それぞれの人は与えられた範囲の仕事をこなせばいいというのが、大企業のスタイルです。したがって、そこで働いている人の業務内容も、どちらかといえば定型的なルーティン・ワークが主だったわけです。IBM-PCは、ルーティン・ワークを支援するための機械であったと言えるでしょう。

これに対して、マッキントッシュのアプローチは180度違いました。従来の仕事スタイルにコンピュータを合わせるのではなく、コンピュータをきっかけにして仕事のスタイル自身も考え直してみようというのがマッキントッシュの思想でした。

そこでマッキントッシュのOSで採用されたのが、1つの画面の中で複数のソフトを利用できるという「マルチ・ウインドウ」でした。画面の中に複数の「ウインドウ」(窓)を開き、それぞれのウインドウの中でワープロや計算ソフトを使うというのが、マルチ・ウインドウです。

MS-DOSでは、複数のソフトを使うのは面倒な作業でした。ワープロ・ソフトを使っている途中で、表計算をしようと思えば、ワープロ作業をいったん終了させ、あらたに表計算ソフトを走らせるというのが一般的でした。ですから、いきおいMS-DOSを採用したIBM-PCは「単機能事務機」として使われがちだったわけですが、これに対して、マルチ・ウ

インドウでは、片方のソフトを終わらせなくても、別のソフトに切り替えて仕事ができます。

　マルチ・ウインドウの採用は、ちょっと大げさに言えば、大企業流の「分業思想」に対する抵抗であったと言えるでしょう。会社の歯車になって、1日中、同じ作業をやるのではなく、コンピュータを活用することで、もっと人間らしい仕事をしようというのがマッキントッシュの提案であったわけです。

　それが象徴的に現われているのが、画面のことを「デスクトップ」と呼ぶ言い方です。コンピュータの中に仮想の机を置き、その上にノートや帳簿を開く。あるときは文章を書き、またあるときは帳簿で計算する——マルチ・ウインドウには、「昔ながらの仕事スタイルに戻ろう」という意味、そして「大企業用のパソコンではなく、中小企業、個人向きのパソコンにしよう」という意味がこめられていたと言えるのです。

　今日ではコンピュータやインターネットが普及したおかげで、たったひとりでも会社を立ちあげることが簡単にできるようになりました。

　少し前までは会社を作ろうとすれば、販売、企画、経理とそれぞれの担当者を置かねばならなかったのですが、コンピュータがあれば、やっかいな帳簿付けも簡単にできるようになりました。また、インターネットを使えば自宅からでも世界中の人に情報を発信でき、また取引ができるようになったので営業部員も要らないというわけです。

　こうした仕事の形を「ＳＯＨＯ」(ソーホー)(「スモール・オフィス、ホーム・オフィス」の略)というのですが、ＳＯＨＯがここ数年、さかんになった背景には、マッキントッシュの登場以来、パーソナル・コンピュータのＯＳが変わり、1台のパソ

コンでいろんな作業を同時に行ないやすくなったことも大きく関係していると言えるでしょう。

パソコン革命の予言者

　このようにマッキントッシュの登場は、パーソナル・コンピュータの流れを大きく変えるきっかけになったわけですが、実は、マッキントッシュのOSはオリジナルに考え出されたものではありませんでした。この斬新な考えには、お手本があったのです。

　話は1960年代にさかのぼります。

　すでにお話ししたように、1960年前後から急速に普及し始めたメイン・フレームのコンピュータはユーザーから見るとたいへん使いにくいものでした。

　そもそも、このころのコンピュータは高価でしたから、個人でコンピュータを独占するわけにはいきません。複数の利用者が1台のコンピュータを共用するのが当たり前という状況です。コンピュータでちょっとした計算を行なおうと思っても、順番待ちをしなければなりません。しかもコンピュータのOSは専門家を想定して作られていますから、誰にでも簡単に使えるというものではありませんでした。つまり、人間のためにコンピュータが働くというよりも、人間がコンピュータさまのご都合に合わせないといけなかったわけです。

　こうした当時のコンピュータの問題を解決し、もっと使いやすいコンピュータにしようという計画が1960年代の半ば、アメリカ国防総省・高等研究計画局の資金提供によって始ま

りました。この計画の名前は、担当部局の頭文字から「ＡＲＰＡ(アーパ)プロジェクト」と呼ばれます。

ＡＲＰＡの名前は、本書でもすでに出てきました。覚えていらっしゃるでしょうか。そうです、インターネットの母体となったのが、ＡＲＰＡネットでした。インターネットの技術は国防総省の研究助成から始まったのでしたが、パーソナル・コンピュータ用のＯＳも、このＡＲＰＡプロジェクトが起源となっているのです。

このプロジェクトでは、さまざまなことが研究されました。その中にはコンピュータ・ネットワークの研究もありましたし、また１台の大型コンピュータを複数の利用者が同時に使用するための「タイム・シェアリング」（後述）の研究もありました。今日のコンピュータ技術のほとんどすべてをＡＲＰＡプロジェクトはカバーしていたと言ってもいいぐらいですが、その中にマッキントッシュやウインドウズの原点となる画期的なアイデアの研究も含まれていたのです。

この研究を行なっていたのが、ダグ・エンゲルバートという人物でした。

大型コンピュータしか存在していなかった時代に、エンゲルバートは「コンピュータは会社や政府の仕事を助けるためではなく、個々人の仕事を助ける道具になるはずだ」と考えました。これはまさに現在のパーソナル・コンピュータのことを予言していたわけですが、1960年代のこのころ、コンピュータを個人で所有する日が来ると本気で考えていた人はほとんどいませんでした。ですから、彼のこうした主張も当時、多くの人は「馬鹿げた夢」と相手にしなかったのです。

ところが、そのエンゲルバートのアイデアに興味を持ったのが、国防総省のＡＲＰＡプロジェクトでした。コンピュー

タの導入に積極的だった軍は、使いやすいコンピュータを求めていました。それにはエンゲルバートのアイデアが役に立つと考えたのです。その結果、それまでひとりで細々と研究を続けたエンゲルバートに100万ドル単位の資金とスタッフが提供されたのです。

その結果、誕生したのがGUIやマルチ・ウインドウという考えでした。画面上に複数の「ウインドウ」を開き、それをマウスで操作する──1968年、彼が学会で行なった講演には、現在のマッキントッシュやウインドウズの原点となるアイデアがすべて盛りこまれていました。マッキントッシュが現われる16年も前に、現在のパーソナル・コンピュータOSの思想はすでに誕生していたというわけです。

マッキントッシュのお手本「ALTO」

エンゲルバートはこうして次世代のコンピュータ像を見事に描いたわけですが、彼自身はそのコンピュータを実現することはできませんでした。当時の技術水準では、彼の考えた「個人用コンピュータ」など作りようがなかったのです。しかし、1960年代の終わりころからLSI技術が急速に成長したおかげで、エンゲルバートの夢はその5年後、形になります。事務機器メーカー・ゼロックスのパロアルト研究所で作られたALTOが、それです。

1974年に誕生したALTOは、まさしく今日のパーソナル・コンピュータの原型とでも言うべきものです。グラフィカル・ユーザー・インターフェース、マウスによる操作、さ

らにネットワークとの接続……従来のメイン・フレームとはまったく違う発想のコンピュータを作ったのはアラン・ケイという人でした。アラン・ケイはエンゲルバートが行なった講演に感激し、ALTOを開発したのです。

しかし、この画期的なコンピュータはわずか1500台しか作られませんでした。結局のところ、あまりに時代を先取りしすぎていたし、また値段も高価だったため、経営陣が商品化をためらったからです。

その後、ゼロックスはALTOの改良技術を利用した商品STARを1981年に売り出したのですが、まったく売れませんでした。ALTOの思想を受け継いだマッキントッシュが発売され、大成功を収めるのが1984年。つまり、STARとマッキントッシュとは3年しか違わないのですが、ほんの数年の差が両社の明暗を分けたということになります。技術が優れているから売れるわけではないというのが、ビジネスのむずかしいところです。

さて、アップル社がマッキントッシュを開発することになった直接のきっかけは、アップルの創業者だったスティーブ・ジョブズが1979年にパロアルト研究所でALTOを見たことに始まります。もともと技術者だったジョブズはALTOの先進性にひじょうな感銘を受け、「これこそが次世代パソコンの本命だ！」と考えたのです。そして、アップルでもALTOのようなコンピュータを作りたいと考えたのです。

つまり発売した会社こそ違うものの、ALTOとマッキントッシュは兄弟のようなものだったわけです。

バッチ処理と
タイム・シェアリング

　現在のマッキントッシュやウインドウズの基となるアイデアは、アメリカ国防総省の研究開発から生まれたわけですが、その同じARPAプロジェクトから、もう1つ重要なOSが誕生しています。その名前をUNIXと言います。

　UNIXが開発されることになった、もともとの動機は「大型コンピュータを複数の人間で同時に共有したい」という願いにありました。

　IBMなどが作っていたメイン・フレームのコンピュータは、それまで「バッチ処理」で動かされていました。バッチ処理は別名、一括処理とも言います。

　コンピュータの初期では、データ処理の作業などをする場合にはまとめて行なうのが基本とされていました。

　たとえば売り上げデータを集計する際には、1日に何度も集計するのではなく、その日の終わりにすべてのデータを一度にコンピュータに入力して、一気に処理をするというのがバッチ処理です。バッチbatchとは「枝をまとめた束」という意味。データを束にしてコンピュータに入れるので、この名前が付きました。

　この当時のコンピュータは高価で、台数も少なかったので、日に何度も同じ人が作業するのは非効率だと考えられていました。そこでバッチ処理が原則となっていたわけです。

　しかし、バッチ処理はコンピュータの側からすれば、効率的な利用法なのですが、ユーザーから見れば不便です。というのも、もし自分がコンピュータを使いたくなったとしても、

第7章　241

そのとき、すでに先客がいると、その人が終わるまで待たなければなりません。しかも、当時のコンピュータは処理能力が低いので、一度にまとめてデータを処理するには時間がかかります。ですから、実際にコンピュータを使っていた時間よりも順番待ちの時間のほうがずっと長かったということが、しょっちゅう起きていたのです。

そこで考えられたのが「タイム・シェアリング・システム」です。シェアリングとは「分割」という意味。時間を分け合って使おうということです。

タイム・シェアリングの考え方を分かりやすく説明するために、お寿司屋さんの例で考えてみましょう。

それまでのバッチ処理のやり方は、ひとりひとりのお客さんの注文を順番に職人さんが握っていくというものでした。Aさんが「サバ、コハダ、マグロ」と注文し、Bさんが「トロと玉子」と注文したとすれば、まずAさんの注文を全部握ってから、Bさんの注文に移るというのがバッチ処理です。

しかし、もし、食い意地のはったお客がいて、先に「ウニ、イカ、トロ、アジ、ヒラメ、えーとアナゴ。あ、そうだ、赤貝もいいよな」と言いだしたら、どうなるでしょう。自分はトロと玉子だけを食べたいのに、前の客の注文が全部終わるまでじっと待っていなければいけません。「俺のほうが簡単なんだから、先にしてくれ」と叫びたくなるのではありませんか。

この不満を解消するために作られたのが、タイム・シェアリングです。

タイム・シェアリングとは、一定の時間ごとに区切って、複数の作業を順番に行なうことを言います。

ですから、この寿司屋の場合で言えば、先ほどの食いしん

坊の客にウニを握ったら、次にあなたのトロを握る。そして次に食いしん坊の頼んだイカを握り、あなたの玉子を握るというぐあいになります。タイム・シェアリングを使えば、全員の待ち時間をトータルとして最少にすることができるわけです。

　実際のコンピュータにおけるタイム・シェアリングでは、メイン・フレームに端末をつなげて行ないます。それぞれのユーザーが自分の端末を操作してプログラムを実行させると、メイン・フレームのコンピュータは、ごく短い時間の単位でいくつものプログラムを順番に実行させていくというわけです。

　1つ1つのプログラムが終わるまでに要する時間は、実はバッチ処理よりも遅くなりますが、端末の前にいるユーザーからすれば、順番待ちをすることなく、いつでも自分の好きな時間にコンピュータを使えるようになるので、全体の効率も上がります。また、順番待ちのバッチ処理だと、もし自分が作ったプログラムにバグ（欠陥）があった場合、バグを修正してやり直すには、もう一度、順番待ちの最後に並ばなければなりません。タイム・シェアリングだと、すぐに修正したプログラムを使えるので、その点でも便利です。

UNIX誕生

　このタイム・シェアリングの思想に基づいて作られた最初のOSは、MULTICS（マルティックス）というものでした。MULTICSはゼネラル・エレクトリック、マサチューセッツ工科大学

(MIT)、電話会社AT&Tのベル研究所の3者による共同開発によるものです。もちろん、その資金を出したのは国防総省でした。

　しかし、このMULTICSは結局、使い物になりませんでした。というのは、このOSには厳重なセキュリティの仕組みが組みこまれていたからです。

　コンピュータを複数のユーザーが同時に使えるようにするとき、問題になるのはコンピュータ内部のメモリ管理です。同時にいくつものプログラムが動いているとき、他のプログラムが使っているメモリを間違って使ってしまうと、両方のプログラムが動かなくなります。したがって、メモリの管理は厳密に行なわなければなりません。また、メモリの管理がいい加減だと、他人のやっている作業の中身が、別のユーザーから丸見えになってしまう危険性もあります。これは軍事用コンピュータとしては、機密保持上、あってはならないことです。

　そこで、MULTICSでは、ユーザーが他人の作業メモリ領域を見られないように、特別のセキュリティ機構が追加されました。しかし、そのためMULTICS全体の処理能力が落ちてしまい、実用に耐えないスピードになってしまったのです。

　先ほどの寿司屋のたとえで言うならば、お客さんひとりひとりのために別々のまな板を用意し、さらに食中毒の蔓延を防ぐために、1つ寿司を握るたびに、職人さんの手を消毒し、包丁を消毒し、まな板を取り替える作業を強制しているようなものだと言えるでしょう。これではせっかくのタイム・シェアリングの価値がなくなってしまうのは当然です。

　実際、MULTICSはあまり使われず、プロジェクトも

解散になりました。

　しかし、それを残念に思ったのが、ベル研究所でした。メイン・フレームをもっと使いやすくするOSを開発できたのに、それがそのまま消えてしまうことに耐えられなかったベル研究所のスタッフは、このMULTICSからセキュリティ機構を取り外して、自分たちの研究所で使いはじめたのです。セキュリティの部分こそが遅くなる原因でしたし、また研究所内で使う分には、仲間内なので情報管理など気にすることもありません。

　こうしてできたのが、UNIXでした。

　UNIXは当初、ベル研究所だけで使われていたのですが、評判を聞きつけた他の研究者たちによって、あっという間に広がりました。しかも、ベル研究所の親会社AT&Tは、おおらかにもUNIXをただ同然で分けていましたから、なおさらです。UNIXは最初、カリフォルニア大学バークレイ校、MIT、スタンフォード大学といった大学で使われるようになり、やがてその卒業生たちによって全米に広がっていくことになりました。

　ところで、このタイム・シェアリングの考え方は、現在のマックやウインドウズにも応用されています。

　現在のパーソナル・コンピュータOSではマルチ・ウインドウを採用し、複数のソフトを切り替えて利用できるわけですが、近年のGUI–OSでは、さらにそれから一歩進んで、複数のソフトが同時に動くようになっています。デジタル・データの音楽を再生しながら、インターネットで通信するというぐあいに複数の作業を同時にできるわけですが、実際にはフォン・ノイマン型のコンピュータは一度に1つのことしかできません。そこで、人間が感知できないほど短い時間で、

OSがソフトを切り替えて動かすことで、あたかも複数のプログラムが同時に動いているように見せかけているのです。

もともとのタイム・シェアリングは1台のコンピュータを複数のユーザーが使うためのものだったわけですが、1台のコンピュータで複数のプログラムを動かすのにも応用可能だったということです。

このように複数の作業を同時に処理することを「マルチ・タスク」(タスクtaskとは仕事という意味)などと言ったりします。最新のマックやウインドウズは、GUIを持ったマルチ・タスク、マルチ・ウインドウのOSであると表現できるわけです。

なぜ、Linux が注目されるのか

さて、このUNIXは、つい最近まで一般のパソコン・ユーザーとは関係のないところで使われてきました。元来、UNIXは高性能の、それもネットに接続したコンピュータでの使用を前提としていたので、パソコンには縁がないと思われていたのです。

ところが、ここ数年、パーソナル・コンピュータの性能が向上し、またインターネットの接続が常識になってきたことから、UNIXをパソコンでも使おうという動きが出てきました。

これまでUNIXはワーク・ステーションと呼ばれる高性能・高価格のコンピュータで主に使われてきたのですが、現

リーナス・トーバルズ

在のパソコンの上位機種ともなると、ワーク・ステーション
とほとんど遜色のないパワーを持つようになっています。
かつては、ワーク・ステーションとパソコンの間には厳然た
る境界線があったのですが、今ではそれが消えつつあるので
す。

　こうした事情から近年、注目を集めているOSが Linux（リナックス）
です。新聞やテレビなどで、あなたもLinuxという単語を聞
いた記憶があるのではないでしょうか。

　Linuxはフィンランドの技術者リーナス・トーバルズとい
う人が開発したパソコン用UNIXです。「リーナスのUN
IX」ということから、Linuxと命名されました。

　パソコン用のUNIXは、Linux以前からあるのですが、
このLinuxが注目を集めているのには理由があります。

　それは、このOSがインターネットの中で成長するOSで
あるということです。

　Linuxの特徴は、「フリー」と「オープン」という2点に
あります。

　フリーとは、無料、つまり使用料が要らないということで
す。インターネットに接続し、自分のコンピュータにプログ
ラムを転送すれば、Linuxは手に入ります。インターネット
に接続するのが面倒ならば、コンピュータ雑誌の付録CD-
ROMにLinuxのプログラムが付いてきますから、雑誌さえ
買えば済むというわけです。

　普通なら有料のOSがタダで手に入るというのは、それだ
けでもユーザーにとってありがたいことですが、もっと大事
なのはオープンという点です。

　Linuxのプログラムの中身は公開されていて、誰でも自由
にこれを改良・改造してもよいということになっています。

実は、Linuxが人気を集めているのは、このオープンという性格が大いに関係しています。というのは、Linuxを愛好するユーザーで、プログラムに自信のある人たちが、Linuxに手を加え、より安定して使いやすいものに改良しているからです。

　ＯＳは基本ソフトウェアですから、使いやすさや安定性は何よりも重要です。たとえ、タダであっても、故障が多かったり、不便ならば誰も使おうとはしないでしょう。しかし、Linuxの場合、世界中の愛好家たちみずからが改良を加えているし、しかも、もし可能なら、自分でバグを修正できるわけですから、その点は安心というわけです。

　言うなれば、Linuxはボランティアによって支えられているＯＳなのですが、こんなことが可能になったのは、もちろんインターネットのおかげです。

　インターネットを使えば、世界のどこにいても作者と連絡を取ることもできますし、改良作業を世界中で分担することだって可能です。また、そうやって作った改良版のソフトを配るのも、インターネットを使えば簡単に行なえます。Linuxはインターネット時代ならではのＯＳということができるでしょう。

　さらに、長年にわたって蓄積されてきたＵＮＩＸのアプリケーションが利用できるというのも、Linuxの魅力です。パソコンを買ったら、同時に高い金を出してアプリケーションを買わなければならないわけですが、ＵＮＩＸアプリケーションの中には、無料か、ひじょうに安い価格で市販のソフトウェアと同じくらいの機能を持ったものも少なくありません。このあたりもユーザーを急速に増やしている理由の１つです。

「マイクロソフト帝国」への反乱

　オープンでフリーなLinuxが作られ、そしてそのLinuxが今、ユーザーの間で人気を呼んでいることの背景に、マイクロソフトのウインドウズに対する不満や批判があることは言うまでもありません。

　ご承知のとおり、今、全世界のパーソナル・コンピュータのうち、8割以上がマイクロソフトのOSを使っていると言われています。

　ウインドウズがこれほどのシェアを獲得するに至ったのは、たまたまIBM-PCでマイクロソフトのOSが採用されたのが始まりですが、単にそれだけで今日の成功をつかめたというものではありません。ビル・ゲイツの経営者としての優れたセンスや、マイクロソフトの企業努力などがあったからこそ、これだけのシェアをもたらされたわけです。

　しかし、こうした史上空前の大成功の陰で、ユーザーの不満が高まっているのも事実です。

　その第一は、マイクロソフトの経営戦略に対する疑問です。

　ウインドウズは発売以来、何度もバージョン・アップを繰り返してきました。近年では1、2年に一度の割合で行なわれていて、そのたびにユーザーは新しいバージョンへの買い換えを強いられています。もし、それが買い換えるに見合うだけの改良であればいいけれども、本当にそうなのかということなのです。

　現に、これまでのウインドウズでは、新しいバージョンになるたびハードウェアの要求水準が高まり、新バージョンを

使うためにはパソコン本体までも買い換えねばならないという事態が起きました。なぜ、こんなことが起きるかというと、バージョンが新しくなるたびに機能が追加され、ＯＳ自体が肥大化していったからです。重たいＯＳを動かすには、強力なハードが必要というわけです。

　最近のウインドウズではパソコンのスイッチを入れてから、実際に使えるようになるには、しばらく待たなければなりません。これは巨大なプログラムを読みこむためなのですが、バージョンが上がるたびにその待ち時間は長くなっています。「ハードの買い換えでよけいな出費は増えるし、待ち時間は長くなった。これで本当に便利になったと言えるのか」という疑問が起きるのは当然のことと言えます。結局、マイクロソフトのマーケティング戦略に踊らされているだけではないかというわけです。

　実際、過去のマイクロソフト社の歴史を振り返ってみたとき、同社の製品がコンピュータ・テクノロジーの最先端を切り開いたということは一度もありません。

　むしろ、マイクロソフトは技術面からすれば、保守的な会社と言ってもいいでしょう。たとえば、マッキントッシュがＧＵＩを採用したときにも、マイクロソフトは当初、まったくそれに興味を示しませんでした。

　また、インターネットが普及し始め、パソコン用のインターネット・アプリケーションが出たときにも、消極的というより、むしろ批判的な態度をとっていました。

　それでいて今でもマイクロソフトが生き残れているのは、実際に新技術が普及し始めるやいなや、資金力にモノを言わせて、こうしたアプリケーションを作っている会社を買収したり、人材を引き抜いたりして、類似製品を大量に販売して

きたからです。

 ですから、マイクロソフトは世界一のソフト会社であるといっても、世界一の技術を持っているということにはならないのです。

 実際、1985年にマイクロソフトが最初のウインドウズを発売したときも、当初はほとんど使い物にならず、「バグだらけ」という批判を浴びました。

 それがようやく実用に耐えるものになるには、1992年のウインドウズ3.1を待たねばならなかったという過去もあります。

なぜ、マイクロソフトは
巨大企業になれたのか

 さらにマイクロソフトのイメージを悪くしているのは、この会社がOSを売ると同時に、そのOSで動くアプリケーションも販売しているという事実です。

 前に述べたように、OSは入力や出力、あるいはマルチ・タスクの管理といったソフトウェアの基本的な部分を受け持っています。ですから、アプリケーションを作るプログラマーにとっては、OSがどのような仕組みになっているかを知ることは、とても重要なことです。

 ところがマイクロソフトの場合、OSの中身をすべて公開しているわけではないので、他社がウインドウズのアプリケーションを作ろうとするには大変な時間がかかってしまいます。ところが、マイクロソフトのアプリケーション部門は、自社でOSを作っているので、そうした情報が簡単に手に入

ります。また、アプリケーションが必要な機能をＯＳに組みこむこともできます。ですから、マイクロソフトのアプリケーション部門はつねに競合他社より早く新製品を出せるわけです。

　実際、新しいバージョンのウインドウズの発売と同時に、それに対応するアプリケーションを出しているのはマイクロソフトだけです。

　マイクロソフトが一躍、巨大企業に成長したのも、実はこうしたやり方と大きく関係しています。つまり矢継ぎ早にＯＳのバージョン・アップをし、それに対応したアプリケーションを他社よりも早く出す。この戦略でマイクロソフトはＯＳだけでなく、アプリケーションでも高収益を上げる企業になったわけです。

　しかし、これは誰が見てもフェアな競争とは言えません。

　そこでアメリカでは、マイクロソフトのＯＳ部門とアプリケーション部門を分離させるため、連邦司法省と州当局が独占禁止違反（反トラスト）で提訴しました。一審ではマイクロソフトの企業分割という厳しい命令が出たのですが、控訴審で差し戻されて和解してしまいました。しかし州当局はまだ争いを諦めておらず流動的です。

　ところが、ここにLinuxが現われたことで、少し話が変わってきました。

　マイクロソフトの製品に対して文句を言いつつも、ウインドウズにとって代わる適当なＯＳがなかったため、多くのユーザーはウインドウズを買っていたわけですが、コンピュータの性能が向上し、ＯＳとして定評あるＵＮＩＸがLinuxという形で――それも、フリーで！――使えるようになりました。

しかも、今までOSの中身を公表してこなかったウインドウズとは違い、Linuxはオープンなソフトですから、ユーザーとして信頼できるというわけです。近ごろでは、最初からOSとしてLinuxを搭載したパソコンが発売されるようになってきています。
　といっても、Linuxはもともとコンピュータに詳しいユーザーを想定したOSですから、ウインドウズがすべてLinuxに変わるというものではないでしょう。しかし、これまでウインドウズしか選べなかったパソコン・ユーザーに、Linuxという新しい選択肢が出てきたことで、パソコンの世界にも新たな動きが生まれたことだけは間違いありません。

第 8 章

インターネットは「信頼の輪」

インターネットの登場は、
人類の「知」のあり方さえも変えてしまいました。
このインターネットは、
いつ誰が作り、どのように働いているのか——
その正体を
この章で探っていきたいと思います。

集中から分散へ

　前章そして前々章で、コンピュータの半世紀にわたる発達史をハード、ソフト（OS）の両面からたどってきました。

　ハードウェアから見たとき、コンピュータはどんどん小さくなり、安くなってきました。現在のパーソナル・コンピュータは、1970年代の大型コンピュータをはるかにしのぐ性能を持ちながら、その値段は1万分の1、大きさは1000分の1になっています。1969年7月20日、アポロ11号が人類初の月着陸をなし遂げますが、このときの月着陸船に載せられていたコンピュータの性能は、現在の家庭用ゲーム・マシンの足下にも及ばないほどです。そのくらい、コンピュータのハードウェアは進化してきたわけです。

　一方、ソフトウェアの面でもコンピュータは格段の進歩を遂げました。かつては専門的知識を備えた人でなければ使えなかったコンピュータも、今やグラフィカル・ユーザー・インターフェースを備えたものになり、小学校でもパソコン教育が行なわれる時代になりました。これもコンピュータが登場したころから考えると、まるで夢のような変化です。また扱える情報も当初は数字だけだったものが、文字、記号になり、さらに今では映像や音声までも処理できるマルチメディアの時代に入っています。

　このようにコンピュータは急速に進化し、また今も進化しつづけているわけですが、こうしたいろいろな変化を大きく捉えたとき、1つのキーワードが浮かびあがってきます。それは「集中から分散へ」という言葉です。

集中から分散へ

集中処理方式

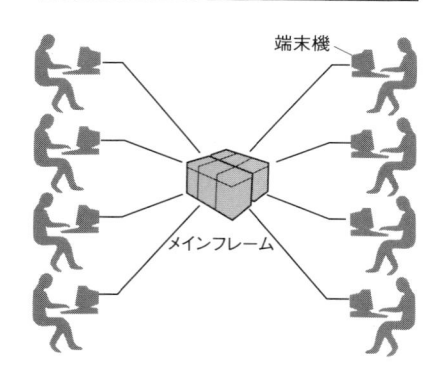

端末機

メインフレーム

分散処理方式

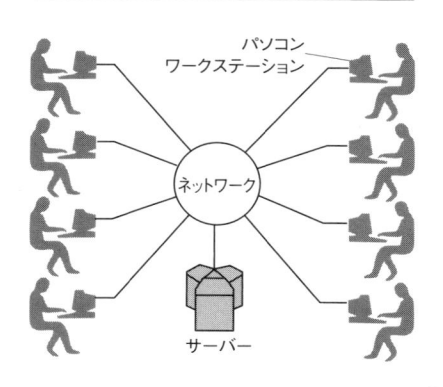

パソコン
ワークステーション

ネットワーク

サーバー

ほんの20年ほど前までは、情報化社会というと、どこかに巨大なコンピュータがあり、その中にすべての情報が蓄えられ、全員が端末からそのコンピュータを使うというイメージがありました。このころに作られたＳＦものの映画や漫画には、「マザー・コンピュータ」などと呼ばれる巨大コンピュータが人類を支配するといったストーリーがよくあったものです。

　こうした形のコンピュータの利用法を「集中処理システム」と言います。実際、コンピュータが登場したころには、世界の主要地点に巨大コンピュータを設置し、それをみなで利用すれば、全世界の要求を満たせると考えられていて、「それにはいったい何台のコンピュータが必要か」などという議論が真剣に交わされていたものです。

　ところがＬＳＩの登場によって、コンピュータの価格が急激に安くなっていくにつれ、１台のコンピュータをみなで利用するより、多少、性能が劣っていても個人用のコンピュータをそれぞれが使うほうが、いろいろな面で有利だということが分かってきました。つまり、１台の巨大コンピュータを作る代わりに、何十台、何百台の安い、小さなコンピュータで仕事を行なおうというわけです。そこで従来のＯＳに代わって、ＵＮＩＸなどのＯＳが使われるようになってきたというわけです。

　このように、いくつものコンピュータで作業を行なうことを「分散処理システム」と言います。１台のコンピュータに頼らないわけですから、それだけ安全性も増すし、また情報処理自体もきめ細かな作業ができます。しかも、全体としてはコストも下がってくるのです。1970年頃から普及しはじめたパーソナル・コンピュータは、まさに分散処理システムの

象徴とも言うべき存在になったのです。

ネットワークはなぜ生まれたか

　しかし、それでは集中処理より分散処理のほうが圧倒的に有利かと言えば、そうとも言いきれません。何事にも一長一短があるものです。

　1ヶ所に情報が集まっていることには、それなりの利点があります。すべての情報がコンピュータの中にあれば、誰もが情報を共有できます。コンピュータをただ分散させただけでは、それぞれの持っている情報を他の人が知ることはできません。もし、それを他人に伝えようとすれば、いちいちそれを紙に印刷するか、あるいはフロッピー・ディスクなどに情報をコピーするかして、直接手渡しするしかありません。これではかえって手間が増えるというものです。

　そこで考え出されたのが通信ネットワークです。情報を処理する作業は個々のコンピュータで行ない、その成果をネットワークによって共有する。こうすれば、分散処理の利点を活かしたまま、欠点を克服できるというわけです。つまり「孤立から共同へ」ということです。

　そこで最初に実用化されたのは、研究所や会社などといった限られた地域のコンピュータをつなぐネットワークです。こうした地域限定のネットワークをＬＡＮ（ローカル・エリア・ネットワークLocal Area Network）と言います。それぞれのコンピュータをデジタル通信ケーブルや無線で結び、仕事や研究の効率を上げようというものです。

ＬＡＮは、大きく分けるとピア・ツー・ピア方式とクライアント／サーバー方式の2種類に分けられます。

　ピア・ツー・ピア方式とは、接続されているコンピュータがみな対等の関係にあるネットワークのことです。ピアpeerとは「同格の人」という意味です。単純にコンピュータどうしをつないだだけのネットワークで、もっぱら情報の交換に用いられます。どちらかといえば小規模なネットを作る場合に向いています。

　これに対して、クライアント／サーバー方式は、ネットワークの中に役割分担を決めるやり方です。クライアントとは英語で「お客」、サーバーは「奉仕する人」という意味ですが、その名のとおり、ネットワークにつながっているコンピュータを「お客」と「お店」の2種類に分けるのがこの方式です。

　日常生活で私たちは炊事、洗濯、掃除といった家事は基本的に個々の家庭でやっているわけですが、凝った中華料理を食べたり、高価な衣類をクリーニングするときには専門店に行きます。

　それと同じように、ワープロを打ったり、計算をするといった日常業務は個々のクライアント・コンピュータで行ない、情報の管理、印刷、あるいはデータベースの管理などといった手間のかかる作業は高性能のサーバー・コンピュータに任せるというのが、この方式の特徴です。もちろんクライアントどうしの情報交換にも使えるわけですが、ネット全体の効率を上げるために役割分担を決めているわけです。

　高性能のコンピュータと、そうでないコンピュータがつながっているという外面だけを見れば、クライアント／サーバー方式は集中処理システムの時代に大型コンピュータと端末

がつながっていたことに似ています。

　しかし、クライアント／サーバー方式では、クライアントのほうが「お客さん」であり、ネットワークの主役です。これに対して、昔の方式では大型コンピュータはホスト・コンピュータと呼ばれていました。つまり「ホスト＝ご主人さま」というわけで、端末は奴隷のような存在であったのです。つながっているコンピュータに差がある点では同じでも、集中処理システムの時代と分散処理システムの時代とでは、その発想は180度異なるのです。

パソコン通信は
「閉じたネットワーク」

　ＬＡＮは企業や研究所などで使われているコンピュータのために作られたネットワークであったわけですが、これに対してパーソナル・コンピュータのために作られたのが、いわゆるパソコン通信です。

　パソコンは当初、それぞれが個人用コンピュータとして独立した形で使われていたわけですが、普及してくるにつれ、パソコンどうしでコミュニケーションができないだろうかという欲求が生まれました。しかしＬＡＮとは違い、無数に存在するパーソナル・コンピュータを専用の通信回線でつなぐわけにはいきません。

　そこでネットワークの要となるホスト局を置き、そのホスト局に個々のコンピュータが電話回線を通じて接続するという方式が使われるようになりました。最初はボランティアの組織が行なっていましたが、パソコンの台数が普及するにつ

れ、料金をとってサービスを提供する、いわゆる商用ネットワークが主流になってきました。

　ちなみに日本のパソコン通信の場合、ホストはほとんど東京にあるので、直接、東京のホスト・コンピュータに電話をかけるのでは、地方の会員は市外通話料金を負担することになります。そこで、たいていは地方ごとに「アクセス・ポイント」という中継局を設けています。まず会員は近くのアクセス・ポイントに電話をし、そのアクセス・ポイントとホストの間は、パソコン通信会社が用意した通信回線がつないでくれるので、電話料の負担が少なくなるというわけです。

　パソコン通信のホスト局は会員どうしのコミュニケーションのお手伝い役といった役割です。たとえば、会員が出した電子メールを相手に届けるというのも、その1つです。また、ホスト局のコンピュータの中には、電子掲示板や電子会議室といったコーナーが設けられ、そこに会員がメッセージを書きこむというサービスもあります。また、大手のパソコン通信では、ネット上で買い物ができるオンライン・ショッピングや、新聞などの記事を検索できるデータベースのサービスを行なっています。

　電子メールが使えたり、オンラインで買い物ができる点ではインターネットと似ていますが、誰でも利用できるインターネットと決定的に違うのは、パソコン通信は会員制が基本であるという点です。

　最近では、商用ネットワークもインターネットのサービスを行なうようになったので、非会員からの電子メールを受信したり、あるいは逆に送信したりできるようになりましたが、少し前までは電子メールのやりとりは会員どうしに限られていました。また、ホスト局が提供するオンライン・ショッピ

ングやデータベース、あるいは電子掲示板や会議室は今でも会員だけのものです。

パソコン通信はたしかに会員数は多く、またその会員の住んでいるところも広範囲に散らばっているわけですが、本来、会員どうしのコミュニケーションのためのもので、その意味では閉鎖的なネットだと言うことができます。

電話でなぜデータ通信ができるのか

ところで、パソコン通信では電話をかけてホスト局と接続すると書きましたが、その仕組みを簡単に触れておきましょう。

電話はご承知のとおり、音声というアナログ情報を伝えるために作られたものです。もちろん、実際には電話回線で相手に声を届けるには、その音声をいったん電気信号に変えているわけですが、その電気信号も当然のことながら、アナログのままです。

したがって、電話のメカニズムは本来、デジタル信号を伝えるには向いていません。そこで使われるのが「モデムmodem」という装置です。コンピュータからそのまま電話線にデジタル信号は送れないので、まずモデムにそのデジタル信号を送ります。すると、モデムはデジタルの信号をアナログ信号に変え、それを相手側のモデムに送ります。すると相手はこのアナログ信号をふたたびデジタル信号に変えて、コンピュータに送るというわけです。

モデムの仕組みをごくおおざっぱに説明すれば、デジタル

信号は0と1だけで構成されているわけですから、0を「ピー」という高い音、1を「ガー」という低い音に変えてやれば、その音を電話回線で送ることができます。相手側のモデムは、この「ピー」とか「ガー」という音を聞き分け、それぞれに0と1を割り当てて、デジタルに戻しているというわけです。実際のモデムは高速に誤りなく情報を送るため、もっと複雑なことをしているのですが、原理としてはこのようなものだと考えてください。

この、デジタルからアナログへと信号を変えることを「変調」Modulation（モジュレーション）、逆にアナログからデジタルへは「復調」DE-Modulation（デモジュレーション）と言います。モデムという名前は、この2つの言葉を合体させて作られたものです。

モデムの通信速度はbps（ビット・パー・セカンド）という単位で表わします。これは1秒間あたり何ビット、つまり0と1の信号をいくつ送れるかという意味です。初期のモデムはわずか300bpsの能力しかありませんでしたが、それがわずか10年そこそこで56kbpsにまで向上しました。kとは1000のことですから、56kbpsとは1秒間に5万6000ビットの情報を送れると言うこと。つまり、モデムの性能は10年間で百数十倍になったというわけです。

しかし、いくら速くなったとはいえ、しょせんはアナログ回線で無理矢理にデジタル情報を送ろうとしているのですから、限界はあります。

そこで最近、日本でも普及しはじめているのがデジタル電話回線です。ＩＳＤＮという商品名をあなたもお聞きになったことがあるでしょう。このＩＳＤＮは、最初から<u>デジタル情報通信</u>を想定して開発されたものですから、同じ電話線で

も通信速度は最大128kbpsに達します。アナログのざっと倍ということになります。

もちろん、電話回線ですから普通の電話も利用できます。ただし、電話はアナログの音声情報ですから、モデムとは逆に声のアナログ情報をいったんデジタルに変えて送り、また相手からの声はデジタル信号をアナログにするという処理が行なわれています。こうした処理をする装置のことをターミナル・アダプタ（ＴＡ）と言います。ＩＳＤＮに加入して一般電話をするには、このＴＡが不可欠です。

「核の恐怖」が
インターネットを作った

さて、「孤立から共同へ」を目指してＬＡＮやパソコン通信が生まれたわけですが、それらとは違う「第３のネットワーク」として登場してきたのが、みなさんもよくご存じのインターネットです。わずか10年たらずのうちにインターネットは爆発的な勢いで普及し、携帯電話からでも電子メールが送れる時代になっています。インターネットは今や地球全部を覆いつくそうとしています。

本書のはじめのほうでも触れましたが、もともとインターネットは軍事技術から生まれてきたものです。

ことの起こりは、米ソのロケット競争です。米ソ冷戦の当初、アメリカの軍部は余裕綽々でした。なぜなら、アメリカは原爆を世界で最初に開発し、その後も水爆を作り出して、核開発の面では宿敵ソ連に圧勝していたからです。核爆弾の数でも、その威力でもアメリカはソ連に対して圧倒的に

優位でした。

　ところが、そのアメリカの顔色を真っ青にする出来事が、1957年10月4日に起きました。この日、ソ連は全世界に向けて「わが国は世界最初の人工衛星スプートニクを打ちあげることに成功した」と誇らしげにアナウンスしたのです。このニュースを聞いたとき、アメリカ軍の自信は粉々にうち砕かれました。

　なぜなら、人工衛星を軌道上に打ちあげられるだけの技術があるということは、ソ連本土からアメリカに核ミサイルを撃ちこめる技術があるということを意味します。これに対して、アメリカのロケット技術はまだ人工衛星の打ちあげどころか、満足に飛ぶ宇宙ロケットの開発すら成功していませんでした。つまり、ソ連からの核ミサイル攻撃に対して、まったく何の対抗措置も持っていないのだということを、このときアメリカ人は気づいたのです。

　今日のインターネットは、この「スプートニク・ショック」から生まれたものです。

　当時、軍はさまざまな情報処理にコンピュータを活用し、この分野でもソ連を抜いていました。しかし、その虎の子のコンピュータがソ連の核ミサイル攻撃を受けたら、ひとたまりもありません。核の高温でコンピュータが蒸発してしまえば、その中に入っている貴重なデータも瞬時に失われてしまいます。そこでソ連の核攻撃に対する防御策として、ネットワークの研究が始まったのです。もし、核攻撃を受けても、コンピュータの中に入っているデータを通信回線によって別のコンピュータに移せないかというのが、最初のアイデアだったのです。

「国策」から生まれた
インターネット

　ソ連の核の恐怖が起点になって、インターネットの前身ARPAネットは産み出されたわけですが、このネットの特徴は中枢部を持たないという点にありました。

　ネットワークのつなぎ方にはいろいろな方法が考えられるのですが、最も分かりやすいネットワークの1つは「スター結合」と呼ばれるものです（図8-1 p.268）。中心部にホスト役のコンピュータを置き、放射状にコンピュータをつなぐというやり方ですが、前にご紹介したパソコン通信は、このタイプです。

　この方式はひじょうにすっきりしていて管理も簡単なのですが、もし、このホスト局が核攻撃を受けたとすると、ネットワークは完全に機能を停止してしまうことになります。これでは軍のネットワークとしては使い物になりません。一部のコンピュータが停止していても使えるようにしなければなりません。

　そこで、すべてのコンピュータを1対1でつなげるという「強結合方式」ではどうでしょう。たしかに、この方法ならば、機能しないコンピュータがあったとしても、ネットワーク自体は生きていて、どのコンピュータとも直接につながっています。しかし、すべてのコンピュータの間に回線をつなげていくのは、あまりにも無駄が多すぎるというものでしょう。

　そこで考えられたのが、コンピュータどうしを不規則につなぐというアイデアです。スター結合のように整然としてい

図8−1 ネット結合方式

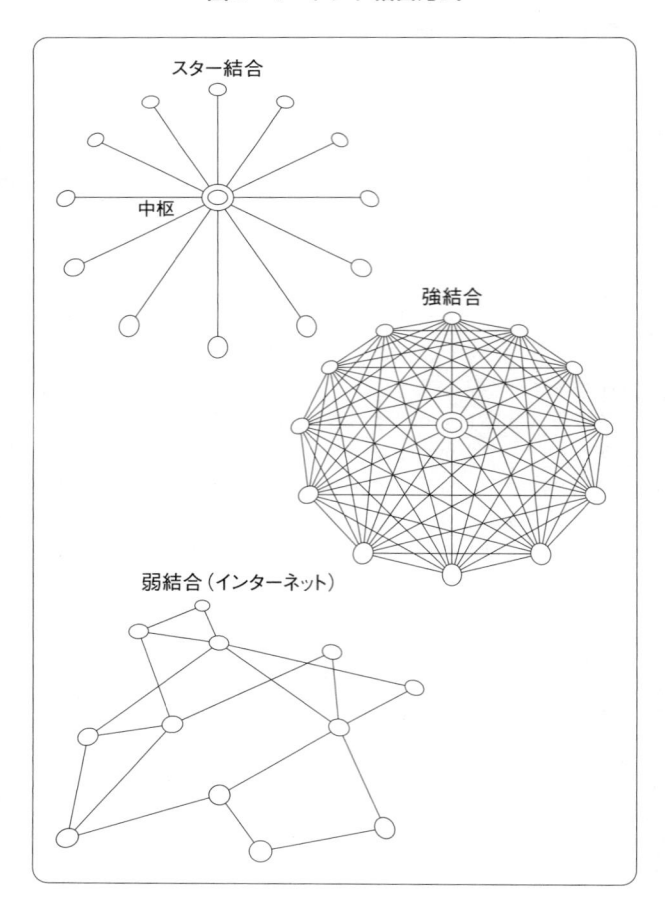

スター結合
中枢

強結合

弱結合（インターネット）

ず、また、すべてを直接つなげる方法のように複雑ではありません。しかも、かりにAとBの間を直接結んでいる回線が切れてしまっても、別の迂回ルートをとれば、情報のやりとりができるわけですから、ネットワークの一部にダメージを受けても、全体の機能には影響がないというわけです。

　この考えに基づいて1969年に誕生したのが、ARPAネットです。ARPAネットは軍や大学、研究機関、政府などを結んでいて、民間の企業や一般人は利用することは許されていませんでした。

　その後ARPAネットは、1983年に管轄がNSF（全米科学財団）に移ってNSFネットと名前を変えます。このNSFネットも科学振興が目的でしたので、ネットワークに参加していたのは大学や研究所が中心でした。

　NSFネットが一般に開放され、今日のインターネットになったのは、前にも記したとおり、ソ連が崩壊した1991年のことでした。

　ちなみにARPAからネットワークを引き継いだNSFとは、アメリカの科学技術力を振興するために作られた国家機関です。軍縮や反戦運動のあおりから予算が削られた国防総省（DOD、Department of Defense）に代わって、1980年代くらいから活躍しはじめたのがNSFで、アメリカの国力や経済力を強くするために、巨額の予算をつぎこんで、コンピュータのみならず、いろんな研究を助成しています。

　といっても、国防総省の影響力が落ちたかといえば、それほどでもありません。アメリカのコンピュータ研究の大スポンサーといえば、このNSFとDODが今でも二大横綱です。アメリカのコンピュータ界といえば、日本ではマイクロソフトとかインテルといった民間企業のことばかりが紹介されて

いますが、本当の立て役者はこの両者であって、コンピュータ技術は国策として研究されているのです。

インターネットは存在しない!?

　もう少し詳しくインターネットのことを説明してみましょう。
　不規則な形でコンピュータどうしを結びつけるといっても、現在、世界中には何億というコンピュータが存在しています。無数とも言えるコンピュータをいちいちつなぎ合わせて、1つのネットワークにするのは、たとえ不規則な結合であったとしても、容易なことではありません。
　そこでインターネットでは、前に紹介したLANやパソコン通信といったネットワークどうしをつなぎ合わせることで、世界中のコンピュータをつないでいるのです。つまり、インターネットとは「ネットワークのネットワーク」というわけです。
　といっても、お断わりしておきますが、インターネットには、はっきりした実体はありません。国（ネーション）と国が相互に関係し、お付き合いすることを「インターナショナル」（国際的）と言うように、「インター」という言葉には「相互につながっている」という意味があります。ですから、インターネットとは、本来、ネットとネットが相互に結びついている状態のことを指しているにすぎません。
　後で述べますが、インターネットには司令塔も管理人も存在しません。「これがインターネットの正体だ」と言って、

写真に撮れるものは存在しないのです。国どうしがお付き合いすることが「国際社会」の実体であって、目に見えるものなど存在しないように（国連などは、国際社会のごく一部です）ネットどうしの結びつきをインターネットと呼んでいるにすぎないというわけです。

といっても、ネットとネットを単に電線でつなげれば、それでインターネットになるというものでもありません。情報をやりとりするためには、世界中で通用する手順や約束事がやはり必要です。それが「インターネット技術」であり、そのインターネット技術誕生の母体となったのが、例のＡＲＰＡプロジェクトであったというわけです。

インターネットと電話の共通点

インターネットとはネットどうしのつながりなのですから、あなたがインターネットを利用したいと思ったら、まずは、何らかのネットに自分のコンピュータを接続させる必要があります。

実際にネットとネットを結んでいるのは、ネットの中にある「ノード」と呼ばれるコンピュータです。ＬＡＮの場合でいえば、通信サーバーという通信用のコンピュータがそれに当たります。また、パソコン通信などでは、ホスト・コンピュータがインターネットにつながっているわけです。個々人が持っているコンピュータは、サーバーやホストのコンピュータを通じて、他のコンピュータに間接的につながっているというわけです。ノードは、インターネットの中継局という

ことになるでしょう。

このインターネットの構造によく似ているのが、電話のネットワークです。北海道のあなたが沖縄の友人の家に電話をする際、その電話線は直接、あなたの家と友だちの家を結んでいるわけではありません。あなたの家からまず近くの電話局につながり、その電話局からさらに沖縄の電話局につながって、友人の電話までたどり着くわけです。

といっても北海道の電話局と沖縄の電話局との間に直通回線があるとは限りません。近くのもっと大きな電話局を介して、電話をつなげている場合もあります。

インターネットも同様で、もし、あなたがアメリカの友人とコミュニケーションを取るときには、その間にいくつもの中継点（ノード）があるというわけなのです。

ですから、もし、インターネットを利用したければ、どこかのネットに加入することが先決です。

あなたが大学生で、大学から利用するならば、大学が設置しているLANに自分のコンピュータを接続しなければなりません。勤めている企業内にすでにLANが設置されているのであれば、それも同じです（もちろん、この場合、そのLANが他のネットにつながっていなければなりません）。そうしたネットワークが利用できない場合は、インターネット・サービスを提供しているパソコン通信ネットの会員になるか、あるいはプロバイダを探して、そこと契約を結ぶのが一般的です。

プロバイダというのは、インターネットに相互接続されているホスト・コンピュータを持っている業者のことです。

電話を使って、ホストに自分のコンピュータを接続する点ではパソコン通信に似ていますが、パソコン通信では会員ど

パソコン通信とインターネットの違い

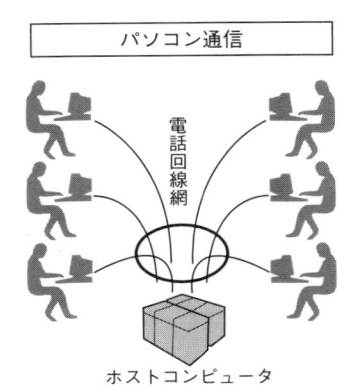

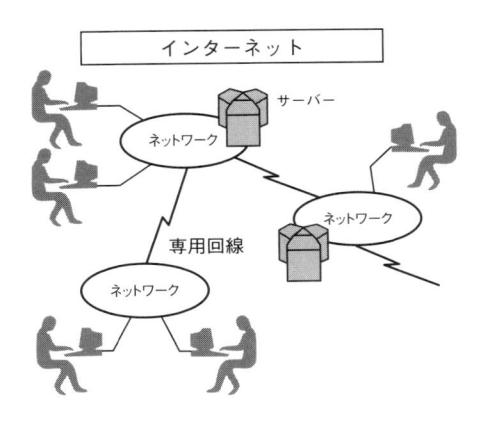

うしのコミュニケーションが主たる目的です。これに対して、プロバイダはインターネットへの中継役という仕事がメインです。パソコン通信は、いわば閉鎖的なネットであり、プロバイダは外に向かって広がるネットであるということができるでしょう。

しかし、パソコン通信も、プロバイダと同じインターネット接続業務を手がけるようになりましたから、その差は少なくなりつつあるのが現状です。

電子メールは伝言ゲーム

インターネットは、前にも書いたように中枢部を持ちません。インターネットとは、ネットワークの寄り合い所帯みたいなもので、インターネットを管理する「マザー・コンピュータ」みたいなものは存在しないわけです。しかも、ネットどうしは前にも書いたように不規則につながっています。

それでは、そんないい加減なことで、どうしてちゃんと電子メールが相手に届くのか——実はインターネット技術の主眼はそこにあります。

結論を先に言えば、実は電子メールはとても場当たり的に送られているのです。

話を分かりやすくするため、これを人間に置き換えて話をしましょう。

あなたが坂村さんという人にメールを書きたいとします。ところが、あなた自身はこの坂村という人物がどこに住んでいるのか、よく分かりません。

そこで、とりあえず友だちの多そうな山田さんにこの手紙を預けます。もし、山田さんが坂村さんの住所を知っていたら、代わりに渡してもらおうというわけです。ところが、山田さんも坂村さんのことを知りません。「坂村なんて知らないよ」と言って山田さんは、これまた顔の広そうな島地さんに手紙を渡す。すると、その島地さんが坂村さんの住所を知っていたので、手紙を本人に手渡す……驚くかもしれませんが、電子メールがインターネットで届くというのは、こういうシステムになっているのです。

　実際には、送られたメールは、まずその人が参加しているネットのノード（サーバーやホスト）が宛名をチェックします。

　そのノードが持っている住所録に、その宛先のネット名があれば、メールはすんなり届くのですが、見あたらなければ、そのノードにつながっている別のコンピュータ（ノード）に電子メールは転送され、そこでふたたびチェックを受ける。これを繰り返していって、メールは相手に届くわけです。

　もちろん、実際にこのシステムをきちんと動かすのは簡単なことではありません。下手をすれば、電子メールがたらい回しにされ、いつまで経っても届かなくなるかもしれません。

　そこで現実には、単に隣のノードに渡すだけではなく、宛名が分からない状況が続けば、特にたくさんの線がつながっている大きめのノードにメールを転送する措置をとるとか、あるいは、一度うまくメールが届いたら、それを転送したそれぞれのノードが、そのことを記憶しておき、次に同じ宛名のメールが来たら、同じ処理をするといった規則が作られています。インターネットとは、どうやったら伝言ゲームが上手にできるかの技術だということもできるでしょう。

こうした電子メールの送り方は、いい加減なものに見えるでしょう。たしかに、そう言えないこともありません。しかし、そのおかげで、かりにアクシデントが起き、一部のネットが不通になったとしても、電子メールはそのネットを避けて手渡しされていくわけですから、全体としては通信が維持できるのです。

　ちなみに、電子メールの宛先のことを「アドレス」と言います。アドレスといっても、普通の郵便のように県や市、町名や番地が書かれているわけではありません。アドレスの形式は「名前@ネット名」という形になっています。@は「アット・マーク」と読みます。つまりアドレスとは「何々ネットに入っている何々さん」ということが書かれているだけなのです。

　ただし、ネット名の書き方には一定のルールがあります。ken@sakamura.ne.jpというアドレスの場合、neは商用ネット、jpは日本のこと。つまり、この場合では「日本のサカムラネットという商用ネットに参加しているケンちゃん」ということがアドレスから読みとれるわけです。

　といっても、アメリカの場合、日本のjpのような国名表示はありません。もともとインターネットはアメリカで生まれたものですから、当初、加入者もみんなアメリカ人。だから、わざわざ国名表示などをしなかったわけです。そこでアメリカだけは、ネット名もwhitehouse.gov（ホワイトハウスのネット、govは政府機関の意味）というぐあいになっています。

　インターネットのノードが持っている住所録はこのネット名のリストのことで、ノードは受け取ったメールのアドレスとリストを照合し、どのようにメールを転送すべきかを判断しているというわけです。

ゴルゴ13は
インターネットの達人？

　インターネット技術の基本となっているのは、この「伝言ゲーム」の規則だけではありません。もう1つ重要なのが「パケット交換方式」と呼ばれる技術です。

　インターネットを通じて送られるのは、電子メールばかりではありません。画像や音声のデータといったものも、頻繁に送られています。文字ばかりでなく、そうしたマルチメディアのデータが送れるようになったことで、インターネットは使いやすく、便利になったのですが、困ったことにこうしたマルチメディアのデータは、文字だけのデータよりも大きくなる傾向があります。

　インターネットのノードとノードの間は、専用線といって一度にたくさんのデータを送れるデジタル回線になっています。

　しかし、いくら速くデータを送れるからと言って、たくさんの人が一度に大きなデータのやりとりをしていたら、そうした専用線といえどもパンクをしてしまいます。また、ひじょうに巨大なデータを送る人がいたら、他の人がその間、使えなくなってしまうという可能性があります。

　そこで考えられたのが、この技術です。

　パケット交換方式とは、1つのデータを一度にまるごと送るのではなく、そのデータを小さくスライスして別々に送るというやり方です。この小さく切り分けられたデータのことをパケットと言います。

　パケットとは、本来、郵便小包の意味。大きな荷物を巨大

なトレーラーで運ぶのではなく、それを分解して、小さな軽トラックで運ぶというのがパケット交換のイメージです。それぞれのパケットには、宛先とそのパケットがデータの何番目に当たるのかが記されています。パケットの受取人は、パケットが手元に揃うと、パケットに書かれた順番を頼りに、データの切れ端をつなぎあわせ、元の形に復元するというわけです。

といっても、その「小包」を同じ道路、つまり同一のデータ回線で運ぶのでは、せっかく分割した意味がありません。そこで、不規則につながっているインターネットの特性を活かし、このパケットをいろんなルートに分散して配達するというのが、パケット交換方式の眼目です。

ノードはたえず自分につながっているデータ回線をチェックし、空いているルートでパケットを流すようにコントロールしています。ある瞬間にAという回線が空いていれば、そこになるべく多くのパケットを送る。その次の瞬間にはB回線が空いていれば、今度はそこにパケットを送ります。こうすることによって、データ回線の混雑度を全体に平均化していくのです。

しかも、その場合、Aさんのパケットばかりを送っているのでは、他の人が送れなくなってしまいます。そこで、実際にはAさんのパケットを1個送ったら、次にBさんのパケットといったぐあいに、みなが公平に回線を使えるように割り振っているわけです。

ちなみに、ネットワークの中を通るデータの通信量を「トラフィック」と呼びます。トラフィックとは、もともと道路の交通量を意味する言葉。通信回線が道路ならば、ノードは交通整理役といったところでしょうか。

ところで、このパケット通信と、はからずも同じことをしているのが劇画の「ゴルゴ13」です。
　ご存じのとおり、ゴルゴ13は世界中を股にかけて活躍するプロのスナイパー。彼が愛用している狙撃銃はアーマライトM16のカスタム・タイプなのですが、このアーマライトを「仕事先」の国に持ちこむ際、まともに税関を通るわけにはいきません。そこで、彼はアーマライトを分解し、それぞれを別の小包にし、「機械部品」として送りこみます。こうして持ちこんだ部品を現地で組み立てて彼は仕事をするのですが、まさしくこれはパケット交換方式の発想です。インターネットと狙撃とはまったくジャンル（？）が違いますが、人間の考えることは同じだということでしょうか。
　それはさておき、パケット方式でそれぞれのパケットを送るときにも、電子メールと同じく「伝言ゲーム」のルールが適用されます。各ノードは手元に届いたパケットの宛名を調べ、その宛名にしたがって、隣のノードに手渡していくというわけです。データを送るやっかいな手順を各ノードのコンピュータに任せることで、インターネットのユーザーは気軽にコミュニケーションが行なえるようになったのです。

インターネットは公共道路

　ところで、インターネットでみなさんが疑問に思うのは、「いったいインターネットの維持費用は誰が払っているのか」ということではないでしょうか。
　インターネットは世界中をカバーし、私たちは日本にいな

がらにして、世界中の人とコミュニケーションを取ることができます。そうしたことが可能になるのは、ノードとノードの間をデジタルの専用データ回線が結んでいるからですが、その費用は誰が払っているのでしょう。

ことに日本は島国ですから、海外とつなぐためには海底にデジタルのケーブルを引かねばなりません。海底ケーブルの敷設など、高くつきそうです。

インターネットの場合、ややこしいのは、たとえば東京大学と慶応大学の間に専用線が結ばれていた場合、その回線を使うのが東大や慶大の関係者だけではないという点です。

先ほど記したように、インターネットは伝言ゲームの要領で、メールやデータを送っているわけですから、第三者のあなたがメールを送る際に、この2大学を結ぶ回線を利用することもありえるわけです。また、アメリカにいる友人があなたにメールを送る場合でも、その回線を使うかもしれません。そう考えると、あなたやアメリカの友人に、東大と慶大を結ぶ回線の維持費用を請求されても不思議ではないような気がするはずです。

たしかに、これが実際の道路であれば、そうなることでしょう。あなたが北海道から九州に行くとして、各地の高速道路を使えば、それぞれに利用料を払わなければなりません。高速道路は維持費用もかかるので、通った人は高速料金を請求されるわけです。高速料金を払わなければ、当然、その道路を通ることはできません。

しかし、インターネットの場合、そうではありません。インターネットの基本思想は「オープン」です。データ回線は一種の公共物なのだから、そこを誰が通ろうと邪魔しないというのがインターネットの思想です。

とはいっても、もちろんデータ回線を結んでいくにはお金がかかります。そのお金は誰が払っているかといえば、そのデータ回線に直接つながっている両者が折半するのが基本です。つまり、東大と慶大の間に結ぶとすれば、この両者がデータ回線を引く費用を半分ずつ負担するというわけです。そして、いったんデータ回線が結ばれれば、それを他の人が利用しようと文句を言わないというのがインターネットのルールです。

　しかし、この折半ルールだけで、すべてが解決されるわけではありません。たとえば、アメリカと日本を結ぶ回線を作るということになれば、これは大変なお金がかかります。折半などというのでは、みんな尻ごみしてしまいます。

　ですから、こうした重要なルートの場合には、別のやり方が適用されます。たとえば、日本の東大とアメリカのカリフォルニア大学との間に回線を結ぶとすれば、東大とカリフォルニア大だけでは負担できません。そこで、この場合には、東大だけではなく、東大のネットに直接つながっている全国の大学がみなでお金を出し合うといったようなやり方をとることがあります。

　もちろん、その場合でも、「高い金を出したのだから、他の人には使わせない」などというケチなことは言ってはいけません。いったん作られたルートはインターネットの共有財産なのだから、オープンにしなければならないのです。

　おそらく、本書の読者のみなさんがインターネットを使うためには、多くの場合、プロバイダと契約をすることになると思いますが、その使用料金には、プロバイダ自身の維持費用の他に、こうした回線の敷設や維持のための費用が含まれています。

インターネットには、全体を管理運営する、独裁的な機関はありません。インターネットは誰でも自由に使うことのできる、あくまでもオープンなネットです。そして、そのオープンさは、個々のユーザーがお金を出し合うことで成り立っているのです。そのことをぜひ知ってもらいたいと思います。

「クモの巣」が世界を覆う

　インターネットは実にさまざまな用途に使われているのですが、その中でも何と言っても最も利用されているのは、電子メールとWWW（ワールド・ワイド・ウェブ）でしょう。

　これまでの郵便に似ている点で電子メールは分かりやすい技術と言えますが、もう一方のWWWは人類の歴史上、まったく存在しなかった新しい種類のものと言えるでしょう。コンピュータとネットワークの技術を最大限に活用したWWWは、最もインターネットらしい技術です。

　WWWとは、前にも記したとおり「世界中クモの巣」という言葉です。単に「ウェブ」とか「ホームページ」と呼ぶ場合もあります。

　今、売られているコンピュータには、このウェブを見るための専用ソフト（ブラウザ）が付いています。ブラウザとは「閲覧用ソフト」という意味なのですが、このブラウザを使えば、いろんな種類のホームページにアクセスすることができます。趣味、娯楽、雑誌、ニュース、オンライン・ショッピングなど、現在、WWWで提供されている情報は実にさまざまですが、もともとこのWWWとは、研究者のために作ら

れたものでした。

　このWWW技術が誕生したのは、ごく最近のことです。スイス・ジュネーブにある欧州素粒子物理研究所CERN(セルン)の研究者ティム・バーナーズ＝リーという人が、1989年に提案をしたのが始まりですから、まだWWWは10年そこそこの歴史しかないのです。

　バーナーズ＝リーがWWWを提案したのは、そもそもCERNの研究者たちが書いた膨大(ぼうだい)な論文を、コンピュータによって上手に管理したいということからでした。

　CERNは粒子加速器と呼ばれる巨大な装置を使って、物質を構成している素粒子の正体を研究して、物理学の基本法則や宇宙の成り立ちを調べようという巨大プロジェクトです。したがって、そこには第一線の研究者たちが働いていました。

　さて、このCERNは巨大プロジェクトであるがゆえの悩みを抱えていました。CERNの研究施設を使って書かれた貴重な論文を、どうやって管理するかという問題です。研究者の数も多く、また出入りも多いので、しばしばそうした論文は死蔵されたままになったり、場合によっては行方不明になってしまうということさえ起こっていたのです。

　そこでバーナーズ＝リーは、こうした論文をデジタル化することで活用できないかと考えました。いったんデジタルにしてしまえば、印刷物とは違って黄ばんだり、なくなったりする心配はありません。論文の保存や管理にコンピュータほど向いている道具はありません。

　しかし、だからといって、単にデジタル化した論文をコンピュータに記憶させておけばいいというものではありません。そうして蓄積されたデータを、気軽に利用できるシステムがなければ、宝の持ち腐れというものです。

バーナーズ＝リーが、そこで採用したのが「ハイパー・テキスト」と呼ばれるアイデアでした。
　学術論文では、その論文に関連する、さまざまな参考文献のことが記されているのですが、論文を読んだ人がその参考文献を探す場合、文献がどこにあるのかを新たに調べ直す手間が必要でした。ですから、ひとくちに論文を読むと言っても、なかなか大変な作業になってくるわけです。
　そこで、いちいち調べ直さなくても、画面に表示された参考文献のところをマウスで指示し、ボタンを押してやれば、たちどころにその関連論文が現われるようにするというのが、彼のアイデアだったのです。こうすれば、論文を読んだり、調べたりする手間が減らせるのではないかと彼は考えました。
　ハイパー・テキストとは日本語に直訳すれば「超文書」。これまでの文書は、１つ１つが独立していたわけですが、ハイパー・テキストでは、もっと詳しく知りたいと思ったところを指示してやれば、簡単に関連した情報にジャンプできます。つまり、文書どうしがおたがいにリンク（関連づけ）しあうことで、新たな価値が加わるというわけです。まさに「文書を超えた文書」がハイパー・テキストです。
　しかも、リンクされた文書は、同じコンピュータの中にある必要はありません。インターネットを利用すれば、別のコンピュータに入っている文書にジャンプできるのです。こうすれば、世界中のコンピュータに入っている情報が、実に簡単に利用できます。
　実を言えば、ハイパー・テキストのアイデア自体は昔からあるものだったのですが、それをインターネットで使うことを着想したところに、大きな価値があったというわけです。

WWWがインターネットを普及させた

　バーナーズ=リーが考え出したWWWのアイデアは、当初、文字情報だけを扱ったものでしたから、研究者以外にさほど注目を集めませんでした。これが急速に普及するようになったのは、絵や写真といったグラフィックスを扱うようになってからです。

　グラフィックス表示をサポートした世界最初のWWWブラウザは、1993年に発表された「モザイクMosaic」でした。このモザイクを作ったのは、イリノイ大学の学生だったマーク・アンドリーセンでしたが、彼はのちにベンチャー企業のネットスケープ社の創立に加わり、そこから商用ブラウザの「ネットスケープ・ナビゲータ」を発表します。このあたりからWWWは一般のインターネット・ユーザーに爆発的に普及することになったのです。

　現在のWWWでは音声や音楽情報までも扱えるようになりました。また、グラフィックスも静止画像だけではなく、動画も用いられています。WWWの技術は今でも日進月歩の発達を見せているのですが、その基本はCERNでバーナーズ=リーが採用したハイパー・テキストにあります。

　ホームページを開き、その中に記されている言葉や絵をマウスで選ぶと、たちまちページが変わり、リンクされた詳しい情報が表示されます。たとえば、アメリカのホワイトハウスのホームページwww.whitehouse.govには大統領のプロフィール、最近行なわれた記者会見の内容などさまざまなメニューが並んでいます。

そこで「大統領の紹介」を選ぶと、そこには正副大統領のほかに、ファースト・レディ（大統領夫人）からのメッセージが掲載されています。また「連邦政府の業務」というページでは、財務省、教育省、国務省などのホームページがリンクされています。その中から教育省を選ぶと、今度は教育省のホームページwww.ed.govへとジャンプでき、アメリカの教育政策がどのようになっているかを知ることができるわけです。

　このように、自分の興味にしたがって、いろいろなところにある情報を気軽に利用できるというのがWWWのいいところです。「世界中クモの巣」の名のとおり、世界各地のコンピュータに入っている情報が、クモの巣のようにつながりあっているのです。

「孤立から共同へ」というコンピュータのトレンドを象徴するのが、このWWWだと言えるでしょう。

インターネットと戦争

　インターネットの普及は、情報の世界から国境をなくしてしまいました。家庭からでも職場からでも、世界中のコンピュータと接触することができる。これは人類の歴史上、始まって以来の出来事です。

　たとえば、世界のどこかで事件が起こったとき、これまで私たちは日本の新聞やテレビなどに情報を頼るしかありませんでした。ところがインターネットを上手に使えば、日本のマスメディアでは報道されていない生の情報を知ることがで

きます。

　近年の例で言えば、99年3月からNATO軍がコソボ問題でユーゴを空爆したときも、インターネットにはマスメディアでは知り得ないような情報がたくさん流されました。

　ユーゴ政府から弾圧を受けているとされるコソボ独立運動の情報が流される一方、ユーゴのセルビア人たちはNATOの空爆によって、祖国がどのような被害を受けているかを生々しく伝えていました。そればかりではありません。在ユーゴ大使館を「誤爆」された中国などは、爆撃された大使館の写真を人民日報のホームページで即座に公表し、NATO軍に対して批判をしていたものです。

　戦争に関わっている当事者たちが直接、世界に自分の立場を訴えることなど、かつては考えられませんでした。かつての戦争では、情報の統制や検閲が当たり前に行なわれていました。

　ところが、インターネットが普及した結果、そうした情報統制は意味を持たなくなってしまいました。もともとインターネットは軍事から生まれた技術ですが、そのインターネットが戦争の形をも変えてしまったというのは、何とも興味深い事実です。

　インターネットの魅力は、いろいろな雑誌や本でも語られていますから、これ以上は述べませんが、インターネットはアメリカが30年にわたって莫大な費用をかけて作りあげた、たいへんな技術であることだけは強調しておきたいと思います。その素晴らしい技術が今やアメリカ人のみならず、世界中の人に開放されているのです。ですから、インターネットを利用しない手はありません。

　インターネットはここ数年でずっと使いやすくなりました。

今ではパーソナル・コンピュータにはかならずと言っていいほど、インターネット用のソフトウェアが付属しています。また、インターネットに接続するための専用端末も続々と現われていて、こうした機械を使えば、比較的簡単にインターネットを利用することも可能です。

　インターネットの技術は出るべくして出たものだと言えるでしょう。われわれ人類はコンピュータを、どのように使うべきなのか——そこで生まれてきたのが「集中から分散へ」「孤立から共同へ」という流れであり、その大きな流れからインターネットが誕生してきたわけです。ですから、インターネットはけっして一時の流行で終わるものではないのです。

　もちろん、コンピュータ技術の発展はインターネットで終わるわけではありません。しかし、インターネットの普及によって、コンピュータの利用法は新しい段階に到達したことは間違いないでしょう。ぜひとも、みなさんにもインターネットの威力を体感してもらいたいと思います。

第9章

電脳社会の
落とし穴

光あるところには、かならず影がある。
コンピュータもその例外ではありません。
コンピュータの発展と普及は、
私たちに新しい課題を突きつけています。
21世紀の情報化社会が直面する
「ダーク・サイド」とは何なのでしょうか。

狙われるインターネット

　コンピュータの発達によって、今日の世界は急速に変わりました。インターネットによって、個人でも情報を発信することができ、また、逆にマスメディアでは得られない情報を知ることも可能になりました。さらにSOHOのように、個人で世界を相手にしたビジネスを行なうことも珍しくなくなりつつあります。このような高度情報化社会の出現は、ほんの数十年前まで誰も予想すらしていなかったことです。コンピュータ・テクノロジーの進化は、まさに歴史の新しいページを開いたと言えるでしょう。

　しかし、コンピュータやインターネットはいいことずくめではありません。技術の力は私たちの生活を便利に、そして豊かにしましたが、その一方で新たな問題を産みだしています。この章ではそのことについて考えてみたいと思います。

　前の章で私は「インターネットはオープンなネットワークだ」と書きました。インターネットには、誰もが参加することができます。面倒な制約や、全体を取り仕切る監督役の機関もありません。みなが自由に情報を発信し、共有できるところがインターネットのよさです。

　しかし、このインターネットのよさは、裏を返せば弱さでもあります。

　インターネットは本来、参加者を信頼することで成り立っています。たとえば電子メールがちゃんと届くのも、それぞれのネットワークが正しく行動してくれることを前提にしています。転送されてきたメールを途中で開封したり、勝手に

捨てたり、書き換えたりすることは技術的には可能です。しかし、そんなことをする人はいるはずがないという信頼から、電子メールのシステムは作られているのです。もし、この信頼関係が崩れれば、インターネットはたちまち機能しなくなります。

インターネットは本来、アメリカがソ連と対抗するために作った技術です。ですから、最初は身内だけをつなぐことを考えていました。敵が入ってくることなど想定していなかったわけです。その後、インターネットは大学や研究所に開放されましたが、これも信頼できる仲間内のネットワークでした。

ですから電子メールにかぎらず、インターネット技術は参加者の善意を前提に開発されているわけです。

ところが、90年代に入り、インターネットが一般に公開されるようになると、この状況は一変します。インターネットを犯罪に使おうと考える人や、面白半分でインターネットで悪さをしようとする人が現われてきたのです。その中には、コンピュータやネットにやたらに強いけれども倫理感の少ない、いわゆるクラッカーcrackerと呼ばれている連中もいます。このような人たちにとって、参加者を信頼することで成り立っているインターネットは、まさに格好の獲物に見えたのです。

ハッカーとクラッカー

ところで、日本のマスコミ報道などでは「コンピュータ犯

罪をするオタク」のことを「ハッカーhacker」と呼ぶことが多いようです。皆さんもハッカーという言葉には聞き覚えがあるでしょう。

　しかし本来、ハッカーという言葉にはコンピュータで悪さをするというマイナス・イメージは含まれていません。むしろ、ハッカーには本来、褒め言葉としてのニュアンスがあるのです。コンピュータについて並はずれた知識を持ち、誰も思いつかないアイデアを考えつくプログラマーのことを、コンピュータの世界ではハッカーと呼びます。言うなれば、「コンピュータの魔術師」という称号なのです。

　ところが、そのハッカーたちの中から、自分の知識を悪用して、おもしろ半分に他人のコンピュータに侵入し、システムにいたずらをする連中が現われました。こういう人たちのことを、クラッカーと呼びます。

　ですから、ハッカーとクラッカーは似て非なるものです。映画「スター・ウォーズ」に登場するジェダイの騎士がハッカーとすれば、クラッカーはジェダイの騎士でありながら、フォースの暗黒面に引きこまれてしまったダース・ベイダーということになるでしょう。ハッカーがコンピュータの白魔術師なら、クラッカーはコンピュータの黒魔術師なのです。

　クラックとは、破壊するということ。つまり、クラッカーはシステムの破壊者というわけで、彼らは他人のコンピュータに不正にアクセスし、おもしろ半分に大事なデータを破壊したり、あるいはカネ儲けを目的に情報を盗み出す連中なのです。

　といっても、ではハッカーは他人のコンピュータに忍びこまないかといえば、そうではありません。ここがハッカーとクラッカーとの区別をむずかしくしているところです。

ハッカーの語源となった「ハック hack」という単語は、コンピュータの世界では他人のコンピュータに不正に侵入するという意味でも使われます。つまり、ハッカーとは他人のコンピュータに不正侵入できるほどの知識と技術を持った者ということなのですが、ハッカーの場合、彼らが不正アクセス（ハッキング）をするのは、それなりの信念や倫理があってのことです。

　たとえば、国家が情報を独占しているのはけしからん、とか、企業が消費者に不利益な情報を隠しているのはよくない、といって企業や政府のコンピュータに侵入するのが、ハッカーです。悪の帝国に抵抗するジェダイの騎士というところでしょうか。

　もちろん、法律論から言えば、これも立派な犯罪に当たるわけですが、彼らにとっては「正義の戦い」なのです。クラッカーが純粋な刑事犯とすれば、ハッカーは政治犯、思想犯ということになるでしょうか。日本では、ひとくくりにハッカーと呼ぶようですが、アメリカのマスコミなどでは、けっこうきちんと区別しています。

　しかし、それがハッカーにせよ、クラッカーであるにせよ、不正侵入される側からすれば、迷惑であることは同じです。

　こうしたハッカーやクラッカーたちが起こした事件は枚挙にいとまがありません。被害を受けたコンピュータには企業のものもあれば、政府や軍といった機密を扱うコンピュータもあります。90年の湾岸戦争ではオランダのハッカーたちが米軍の軍事ネットワークに侵入し、機密情報をイラク側に売ったとされる事件が起きています。これ以外にも、ＣＩＡや国防総省、ＦＢＩのコンピュータがハッキングされたと言われています。また、日本でも新聞社のホームページに侵入し

て、その内容を書き換えてしまう事件が頻繁に起きています。

　もちろん、軍や大企業のコンピュータなどにはハッキング対策がなされているわけですが、それでも彼らはシステムの欠陥を探し出し、そこから侵入してしまいます。コンピュータの安全担当者とハッカーたちとの戦いは、さながら「いたちごっこ」の様相を呈していて、終わりは見えません。

　アメリカのコンピュータ・セキュリティ会社の中には、ハッカーを雇(やと)っているところさえあります。ハッカーの手口を最もよく知っているのはハッカーだということから、こうした会社が現われているのです。

コンピュータ・ウイルス

　ハッキングに対する最高の対抗手段は、重要なコンピュータは外部に接続せず、孤立して使うというものです。企業などで言えば、経理用のコンピュータとか、あるいは新技術や新企画などの機密情報を収めたコンピュータをインターネットに接続するのは「ハッキングしてください」と、こちらから頼んでいるようなものです。

　しかし、そうは言っても、やはりインターネットにつなぎたいという場合、最もポピュラーに使われているのが「ファイア・ウォール」という技術です。企業内のLANを直接インターネットに接続するのではなく、その中間に関所(せきしょ)の役割を果たすコンピュータを置き、そこで外部からの侵入者をくい止めるというものです。防火壁(ファイア・ウォール)にちなんで名付けられました。これを使えば、内部からインタ

ーネットを利用することもできます。

　しかし、そのファイア・ウォールもけっして万全とは言えません。どんな技術であれ、人間の作ったものである以上、そこにはかならず落とし穴、欠陥があります。

　ファイア・ウォールでも防御しきれないものの代表に、電子メールを使ったウイルス攻撃があります。たとえ関所を設けても、外から届いたメールは読まないわけにはいきません。そのメールの中に、コンピュータのデータを破壊するようなプログラムが仕掛けられている可能性は否定できません。

　こうしたプログラムのことを、ウイルスと呼びます。本物のウイルスと同じく、コンピュータ・ウイルスもネットワークなどを通じて、いろいろなコンピュータに感染し、そのコンピュータのデータを強制的に消去したり、システムを麻痺させたりするのです。

　コンピュータ・ウイルスにはさまざまな種類がありますが、それらはどれも一見してウイルス・プログラムだとは分かりません。

　ウイルスはたいてい、ちゃんと働く、普通のプログラムの中にしこまれています。そして、そのプログラムを起動すると、ウイルスがOSなどのプログラムに「伝染」し、やがて「発病」してコンピュータ自体に被害を及ぼすというものです。また、プログラムではなくて、データの中にウイルスが潜んでいる場合もあります。

　電子メールは本来、文字を使って手紙のやりとりをするためのシステムですが、電子メールにはプログラムやデータを「添付ファイル」として一緒に同封する機能があります。そこで、その添付ファイルにウイルスを感染させ、あちこちにばらまくという行為がしばしば行なわれています。

ウイルスの侵入経路は、それだけではありません。インターネットや雑誌などで配付されているプログラムがウイルスに感染している場合もあります。また、知り合いや得意先から渡されたフロッピー・ディスクにウイルスが入っていたというケースもあります。

　ウイルスがやっかいなのは、すぐに「発病」せず、一定の「潜伏期間」を持っていることです。よく知られたウイルスには、クリスマスまで発病しないものや、13日の金曜日に突然、コンピュータのデータを消してしまうというものがあります。自分のコンピュータがウイルスに感染していることに気が付かずに使い続けていると、知らないうちに他人にまで被害を拡大してしまう危険性があるのです。

　ウイルス感染対策として「ワクチン・ソフト」と呼ばれるものが市販されています。そのソフトを使うと、自分のコンピュータがウイルスに汚染されているかどうかチェックでき、ウイルスを除去することもできます。こうしたソフトをしょっちゅう使うよう心がけていないと、自分ばかりか他人にまで迷惑をかけてしまうことになりかねません。

自己増殖する「ワーム」

　このコンピュータ・ウイルスよりも、さらに悪質なのが「ワーム」です。

　ウイルスが他のコンピュータに感染するには、人間の「助け」がなくてはなりません。ウイルスに汚染されたファイルをメールで送ったり、またウイルスに汚染されたフロッピー

などを他人に渡したりしないかぎり、被害は広がりません。

これに対して「ワーム」は、コンピュータの中で自己増殖し、ネットワークを使って他人のコンピュータの中に入りこむという能力を持っています。つまり、人間の助けがなくても、どんどん被害を広げていけるというわけなのです。

1999年になって、インターネットで「メリッサ」と呼ばれるワームが発生し、ニュースでも大きく報じられました。「重要なお知らせ」と題された電子メールに付いてきた添付ファイルが、メリッサの正体です。この添付ファイルを開くと、メリッサは自動的に動き出します。メリッサは電子メール・ソフトを勝手にあやつり、そのメール・ソフトが記憶している最大50人に、自分自身のコピーを添付したメールを発送するというわけです。

この「メリッサ」のおかげで、インターネットは電子メールの洪水にさらされました。1つのコンピュータが50通の電子メールを出したとすれば、次の段階ではそれが2500通になり、その次には12万5000通に膨れ上がります。

この結果、あちこちのネットでは、メールを送受信するメール・サーバーがあまりの数の多さに短時間でダウンしてしまったわけです。

ワーム（worm）という言葉は、テープワーム、つまり寄生虫のサナダムシから付けられた単語ですが、コンピュータの中で増殖した寄生虫が、ネットワーク上でうごめいているような状況を作り出すことから、その名が付けられました。

メリッサの場合、被害はネットワーク上のことで、個々のコンピュータに影響が出なかったわけですが、いつもそうとは限りません。

事実、メリッサの直後に現われた「W32 / Explore Zip

(エクスプロア・ジップ)」と呼ばれるワームは、メリッサと同じように自己増殖をしてメールで広がっていくだけでなく、そのコンピュータに入っている重要なデータをも消し去ってしまうという悪質なものでした。

こうしたワームの被害を最小限に収めるには、まず第一に電子メールに添付されたデータやファイルを安易に開かないということしかありません。

電子メールそのものを開いただけでは、<u>ワームは働きません</u>。電子メールに添えられたファイルを開くと、ワームは活動を開始します。したがって、たとえ知り合いから来たメールであっても、心あたりのない添付ファイルが添えられていたら、むやみに開かず、問い合わせてみたほうがいいのです。

なぜ「ワーム」被害は急増したか

ところで、1999年に入って、立て続けにワームの被害が出たのはけっして偶然ではありません。それには大きな理由があるのです。

そもそもワームはネットを利用して増殖するものですが、インターネットが普及するまで、ネットに接続されたコンピュータは、ごくわずかでした。ですから、ワームの被害はおのずから限定されていたわけです。

ところが、この数年、インターネットは爆発的に普及し、世界中のパーソナル・コンピュータがネットにつながるようになりました。これがワームが広がる第一の要素となったわけです。

しかし、パーソナル・コンピュータがたくさんつながるようになっても、そのパソコンの種類がさまざまであれば、ワームの被害は大したものにはならなかったでしょう。
　ウイルスやワームはたしかに恐ろしいものですが、すべてのコンピュータに悪さをするわけではありません。かならず、何か特定のハードウェアやソフトウェアを想定して作られています。逆に言えば、大型コンピュータからパソコンまで、すべてのコンピュータをターゲットにしたウイルスなどはありえないということです。ウイルスやワームの入ったメールをもらっても、あなたのコンピュータが対象外のものなら、まったく何の被害もないわけです。
　しかし、現実には、世界中のパソコンの8割がマイクロソフト社のウインドウズになり、また同社のアプリケーション・ソフトが圧倒的に普及してしまいました。これこそが、ウイルスやワームの被害を広げる直接の引き金になったのです。
　実は、メリッサとW32 / Explore Zipには大きな共通点があります。それは、ともにウインドウズ・パソコンをターゲットにしたものだったのです。もっと正確に言えば、これらのワームはマイクロソフト社製の電子メール・ソフトやワープロ・ソフトに組みこまれていた機能を悪用して作られています。ワームが最近、急激に被害を拡大していった真の理由は、実はここにあるのです。
　ダーウィンが唱えた進化論では、<u>自然淘汰</u>という言葉が使われていました。つまり現在、生き残っている種は「適者生存」、つまり環境に最も適合した種であり、それができなかった種は滅びてしまったのだ、というのが彼の考え方です。しかし、自然淘汰があまりに進みすぎると、それはかえって

弊害をもたらします。

たとえば、自然淘汰が進んだ結果、世の中にたった1種類の麦しかなくなったとします。この麦は、ダーウィンの言う「最適者」かもしれません。しかし、その麦を狙うウイルスが発生したら、どうなるでしょう。たちまち、その麦は全滅し、地上から麦という種自体が消え去ってしまうかもしれないわけです。自然淘汰が過度に行なわれると、かえって種そのものが弱くなってしまうのです。

ここ数年、コンピュータの世界でワームの被害などがクローズ・アップされるようになったのも、実は同じことです。

マイクロソフト社の製品が圧倒的なシェアを握っていることに対して、経済的な側面からの批判は多いわけですが、実はそれよりもっと重大なのは、マイクロソフトの製品を使う人が増えた結果、コンピュータ社会全体がワームやウイルスから大きな被害を受けかねない点なのです。その意味で、今ほどコンピュータ社会が危ういう時期はないと言えるかもしれません。

プライバシーを守る
暗号技術

ハッカーやワームといったことだけが、現在のインターネットの問題ではありません。もう1つ大きなテーマとして注目されているのが、インターネットでプライバシーをいかにして守るかということです。

すでに述べたことと重なりますが、インターネットは善意を前提にして作られたネットです。ネットで送られる情報は、

各地のノードによって転送されていきます。
　したがって、ノードのコンピュータを管理する人が、もし、その転送されたメールなどを読もうと思えば、簡単に読めてしまうわけです。いちいちコンピュータのディスプレイの前に座っていなくとも、「のぞき見プログラム」を作り、たとえばクレジット・カード番号の12桁の数が送られてきたら、自動的に記録しろとコンピュータに指示することもできます。もちろん、ほとんどのネット管理者はそんなことをしないと思いたいのですが、インターネットを使ったために、大事な情報が他人に知られてしまう危険性は皆無とは言えません。ですから、クレジット・カード番号などの個人情報を電子メールで送るのは、けっして勧められたことではありません。
　しかし、だからといって、「インターネットだから危険なのだ」と決めつけてしまうのは、やや行き過ぎというものでしょう。
　あなたは自分の大切な秘密を、葉書に書いて送りますか？ もちろん、そういうときには封書を使うはずです。もっと大事なことなら、直接、本人に会って話すでしょう。インターネットだから危ない、郵便だから安全というわけではありません。電子メールは、葉書のようなものだと思って使えばいいわけです。
　しかし、せっかくのインターネットなのに、情報の中身によっては利用することができないというのでは、やはり不便というもの。
　そこで注目を集めているのが暗号化の技術です。送りたい情報を暗号にすれば、他人がのぞき見ても何が書いてあるのか分からないわけですから、オープンなインターネットでも利用できるというわけです。

幸いなことに、コンピュータぐらい暗号技術に適したものはありません。コンピュータは情報を処理するマシンですから、情報を複雑な手順で暗号化したり、その暗号を元に戻すことも素早く行なえます。かつてのスパイは、映画にあるように、手順書にしたがって手作業で1文字1文字を暗号に変えていました。そのため、長文の手紙を暗号化するのは大変だったわけですが、コンピュータはたちまち片づけてくれます。また、暗号そのものもコンピュータを利用することによって、ひじょうに複雑なものが作れるようになったわけです。

　こうした暗号化のテクノロジーは今ではWWWのブラウザ（閲覧ソフト）に標準で組みこまれています。オンライン・ショッピングのホームページなどで、お客さんの住所やクレジット・カードといった個人情報を送る際、このソフトが自動的に働くようになっているところも増えています。

　また電子メールのソフトに組み合わせて使える<u>暗号化ソフト</u>も最近、市販されるようになりました。電子メールを送る前に、メールの文面を暗号に変えるというわけです。もちろん、電子メールを受け取ったほうも同じソフトを持っていなければ駄目ですから、誰にでも暗号化されたメールを送れるというものではありません。ですからもっぱら企業などで利用されることが多いようです。

「公開鍵」暗号

　ところで、こうした暗号化ソフトでよく使われているのが「公開鍵方式」と呼ばれるものです。

普通に書かれた情報（平文と言います）を暗号に変える作業を「暗号化」と言い、その暗号を平文に戻す作業を「復号化」と言います。一般的に暗号と言ったとき、情報を暗号化する手順と復号化する手順は、ちょうど鏡あわせの関係になります。ごく初歩の暗号の例で言えば、アルファベットで1文字ずつ前にずらして暗号にするとすれば、それを解読する側は暗号文を1文字ずつ後ろにずらしていけばいいというわけです。

　これは別の言い方をすれば、送り手と受け手が同じ鍵を持っていて、送り手側が鍵をかけた情報を、受け手側が合い鍵で開けるということになります。こうした方法を共通鍵方式、あるいは秘密鍵方式と言います。

　コンピュータ以前の時代、この共通鍵方式が一般的だったわけですが、このやり方には大きな弱点があります。

　それは、もし秘密情報を盗みたいと考えた場合、送り手側の鍵を奪ってしまえば、簡単に暗号が解けてしまうという点です。1対1で暗号のやりとりをしているのならまだしも、もし何人もの人が同じ鍵を持っていたら、それだけ情報が漏れる危険性が増えてきます。

　実際、第2次世界大戦でドイツや日本の暗号情報が連合国に筒抜けだったのも、そのためでした。あちこちの在外公館に暗号の手引き書や暗号機が置かれていたので、それを盗み出し、暗号電文を解読していたというわけです。

　もし、インターネットのショッピングで秘密鍵方式を使ったら、同じことが起きます。ショッピングのお客さんに暗号を作ってもらうには、まず利用者に「鍵」を配らなければなりません。それが暗号を解く鍵にもなるのであれば、悪人が放っておくわけはありません。

そこで考えられたのが公開鍵方式です。暗号化するための鍵と、それを復号化するための鍵を別々にしてしまうというのが、そのアイデアです。

こうすれば、たとえ暗号化するための鍵を手に入れたところで、暗号は解けません。暗号を解くための鍵は、ただ１つ、暗号を受ける人だけが持っているというわけです。これなら、第三者が暗号の鍵を盗み出すという危険がぐっと減りますし、不特定多数の人から暗号化された情報を送ってもらうことも可能になるわけです。

この方法は現在の暗号化テクノロジーの主流となっています。ＷＷＷのブラウザに使われているのも、この方式です。

お客さんが個人情報を店側に送ろうとするとき、まず店のほうから「この鍵を使って、暗号に変えてください」というデータがブラウザに送られます。するとブラウザは、その鍵を使って客のデータを暗号化して店に送信するわけです。

その鍵コードがたとえば「1234」だったとします。ブラウザは「1234」というコードにしたがって情報を暗号化するのですが、この鍵コードを傍受していた人がいても、そのコードでは暗号化された情報を元に戻すことができません。

鍵を開けるためには、それとはまったく違う、たとえば「9745」というコードが必要だというわけです。

「究極の暗号」はあるのか

近年のインターネットの世界ではオンライン・ショッピングばかりでなく、インターネット・バンキングといって、銀

行振りこみなどを自宅から行なえるサービスや、株や証券の取引をインターネットで行なうサービスも登場しています。

このようなことが行なわれるようになったのは、ひとえに公開鍵暗号方式がようやく実用化のレベルに達したからです。そうでなければ、インターネットで商取引を行なうことなど、怖くてできたものではありません。

しかし、だからといって現在の暗号方式が絶対に安心という保証はどこにもない——これもまた事実です。

どんなにむずかしい暗号であっても、人間が作ったものである以上、解読することは不可能ではありません。

たしかに、コンピュータの利用によって、暗号は以前とは比較にならないほど解きにくいものになりました。高度な数学理論を駆使して作られた暗号の中には「スーパー・コンピュータを使っても、解くには何万年もかかる」と言われているものさえあるくらいです。

しかし、過去に発表された中には「絶対に解けない」と言われながら、結局、解読方法が見つかったものも珍しくありません。

また、1台のスーパー・コンピュータでは解くのに時間がかかっても、それをネットで高性能コンピュータを1000台、1万台とつなげて分担して作業をすれば、より短い時間で暗号を解くことも不可能ではありません。

結局、暗号を作るのと解くのとは、いたちごっこのような関係です。そのときは最強の暗号だと言われていても、コンピュータの性能が上がっていけば、その暗号も時代遅れのものになってしまう危険性がつきまといます。「これで決まり」という究極の暗号がはたして登場するのか——それは当分のところ、誰にも予測が付かないというのが、正直なところで

はないでしょうか。

 とはいっても、みなさんがオンライン・ショッピングなどでクレジット・カードを使うくらいであれば、さほど心配する必要はないでしょう。数十万円の金を盗むために、スーパー・コンピュータを使ったり、高性能コンピュータを何千台もつなげるのでは、コストばかりがかかって割に合わないからです。

インターネット
「常識のウソ」

 とはいえ、暗号さえあれば、それでインターネットは安心というわけでもありません。
 しょせん犯罪は人間が行なうものであって、コンピュータやインターネットの技術がいくら発達しても、その隙を狙って悪いことを考える人はかならず出てくるものです。コンピュータがあるから犯罪がなくなるわけでもないし、逆にコンピュータがあるから犯罪が増えたわけでもないと思います。
 最近のマスコミの論調を見ていると「インターネットだから怖い」ということがさかんに言われています。しかし、本当に怖いのはインターネットではなく、そこで悪いことを企む人間のほうでしょう。どんなに素晴らしい知識や技術であっても、それを悪用しようと考える人はいるものです。人の健康を守り、命を守るための薬学の知識も、他人を毒殺するために悪用することだってできます。コンピュータもそれと同じです。
 ただコンピュータ犯罪の場合、悪いという罪の意識もなく、

ゲーム感覚で罪をおかしている人が多いという点はたしかに問題です。人の大切な情報を消したり、あるいはネットに迷惑をかけることに対して、罪悪感を抱いていない人がいるのは困ったことです。

　ちなみに「インターネットは匿名（とくめい）の世界」と思われていますが、これは大きな誤解であることを強調しておきます。

　インターネットを使えば、どこの誰が何をやっているか分からない。だから、犯罪なんてやり放題——インターネットでは身元がばれないという「迷信」が広まっているようです。

　しかし、それは違います。

　むしろ、インターネットぐらい、その人の行動がはっきりと記録されているものはないと言ってもいいでしょう。ネットとネットを結ぶノードのコンピュータには、通信の記録がきちんと残っています。

　ですから、捜査当局が本気になれば、犯罪者の足跡を突き止めることは十分に可能なのです。現に「メリッサ」を作った作者は、ワーム騒ぎが始まってから間もなくＦＢＩに逮捕されています。ＦＢＩがどのように犯人を追ったのかは明らかにされていませんが、おそらくインターネットの通信記録から割り出したのでしょう。

　インターネットは本来、国境を超えたものであり、そこに警察やＦＢＩといった国家機関がからんでくるのは、けっして好ましいことではありません。インターネットを国家がたえず監視しているなどというのは、想像しただけでぞっとすることです。しかし、だからといってインターネットを「犯罪無法地帯」として放置するわけにもいかないのは事実です。

　警察がインターネット犯罪を取り締まろうとするのは当然のことなのですが、その結果、自由なはずのインターネット

が息苦しい世界になってしまうのでは、何のためのインターネットかということになるでしょう。

そこで大事になってくるのは、情報化時代、コンピュータ化時代に合ったモラルの確立ではないかと私は思います。個々の犯罪を取り締まる以前に、ネットで行動するためのモラルが求められているのではないでしょうか。

これまでの世界では、他人の命や財産を奪うことが犯罪とされましたが、これからは情報に対する攻撃も重大な犯罪であるという感覚が必要です。そうしたモラルをネットを使う人たち全員が持ってはじめて、本当の情報化社会、インターネット社会になるのだと思います。

モラルは時代によって変わっていくものです。帝国主義の時代には、少数民族の人権を踏みにじっても、犯罪ではないと思われていました。しかし、今では「どんな民族にも平等の権利がある」という意識がほぼ確立しています。人権という新しいモラルが、20世紀に入って定着したわけです。

それと同じように、これからは私たちの持っているモラルを「電子モラル」「ネットモラル」にまで広げていくことが求められています。コンピュータやインターネットという新しいテクノロジーを活かすも殺すも、私たちのモラル1つにかかっていると言っても過言ではないでしょう。

「情報を制する者が
世界を制する」

コンピュータ、そしてインターネットは国境のない社会を地球上に出現させつつあります。ネットワークを使えば、私

たちは地球上のどんなところにいる人とでもコミュニケートできるし、またさまざまな国の情報をリアルタイムでキャッチすることができます。情報の国境は確実に消えつつあるのです。

ところが、それとは矛盾するように聞こえるかもしれませんが、現代ほど国家とコンピュータが深く結びついた時代はありません。

かつての国家戦略といえば軍事や経済が主でしたが、今や情報やコンピュータといった分野が政治の中心課題になりつつあります。この傾向は今後、さらに強まることはあっても、その反対はないでしょう。国際政治は「情報覇権」「技術覇権」をめぐる戦いにシフトしているのです。コンピュータ界には今、生臭い匂いが立ちこめています。

こうした動きの先端を行っているのは、言うまでもなくアメリカです。アメリカ政府は「国家情報戦略」を打ち出し、21世紀の情報通信技術をすべてアメリカのテクノロジーで押さえてしまおうとしています。そうすることによって21世紀も「強いアメリカ」でいつづけようというわけです。

これに対して、EU（欧州連合）を結成し、一致団結したヨーロッパ側も負けじと反撃に出ようとしています。とにかくアメリカの意のままにさせたくない。アメリカだけが情報社会で独り勝ちする状況はくい止めたい。

そこで、コンピュータ関係の国際標準を決める会議などでは、アメリカとヨーロッパが権謀術数のかぎりを尽くして、会議の主導権を握ろうと必死になっているのが現在の状況です。虚々実々の駆け引き、陰謀、あるいは裏工作……およそ技術の会議とは思えないほどの「政治」が行なわれているのを、私自身、何度も目撃しています。

こうしたアメリカとヨーロッパの激しいつばぜり合いから、一歩引いているのが、わがニッポンです。技術力ではけっしてアメリカに劣っていないはずの日本がなぜ、こうした会議で主導権を取れないのか、その理由はいろいろ考えられます。
　まず第一に「みんなで話し合ったのだから、そこで出た結論はいいものに決まっている」というナイーブな国際感覚です。現実の国連を見ても分かるように、国際会議は国家と国家のぶつかり合い、勝手な言い分の通し合いです。ところが、日本人はそのあたりがまだウブなのです。また、戦後、日本の家電製品が世界を席巻した経験があるため、「いいものを作れば、マーケットが歓迎してくれる」という自信がどこかにあります。だから、欧米人のように技術以外のところで見苦しい戦いをしたくないと思うのかもしれません。
　もちろん、それに加えて大きいのが言葉の壁です。マシンガンのように言葉を叩きつけ、相手を説得しようとする欧米人に対抗するには、やはり言葉が必要です。しかし、日本人には英語が苦手な人も多いし、何より欧米流の説得術が欠けています。黒を白と言いくるめるほどの力を持っていないために、どうしても会議では存在感が薄れてしまうのです。

文化を無視した
コンピュータの国際規格

　たしかに、これが家電の技術をめぐる会議なら、「我、関せず」を決めこむこともできるでしょう。ビデオやテレビといった家電製品なら、どんな規格であろうとも、結局は安くて高品質な製品を作った者が世界を制します。それは戦後の

日本がみずから証明してきたことです。

　しかし、コンピュータは家電製品とは違います。コンピュータは情報を扱う機械であり、情報はそれぞれの国の文化とも密接に関係してきます。情報に関わる規格を、1国だけの横暴で決められては困るのです。

　その最たる例が、コンピュータの中で文字を扱うための決まりです。

　コンピュータの中で文字を処理するとき、すべての文字に背番号、すなわち文字コードを付ける必要があります。

　コンピュータが処理できるのは、0と1の2進数ですから、文字を直接操作することはできません。そこで、文字ごとに2進数の数字による背番号（これを文字コードと呼びます）を割り当てることになるわけです。ディスプレイやプリンターで文字を表示する際には、そのコードに対応する画像を表示するという仕掛けです。

　さて、もともとコンピュータはアメリカ、つまり英語圏で発明され、実用化されたものですから、当初、文字コードは8ビット、つまり2進数で8桁のコードが割り当てられていました。8ビットならば、2の8乗、つまり256個の文字が区別できます。アルファベットは26文字、それに数字といくつかの記号だけですから、大文字、小文字を入れても8ビットもあれば十分だということだったのです。

　ところが、その後、コンピュータが世界的に普及していき、日本や中国などで使われるようになると、8ビットではとうてい足りません。そこで日本の場合、文字コードを独自に拡張して16ビットにし、7000近くの文字を区別できるようにしました。

　インターネットが普及し、世界中のコンピュータが1つに

つながるようになったとき、最も問題になったのは、この文字コードの問題です。それまで各国が独自に文字コードの体系を決めていたため、各国語で書かれた情報をインターネットで表示するには面倒な手順が必要だし、何かと制限が付き物でした。

そこで、こうした状況を変えるために、全世界のコンピュータで各国語をもっと表示しやすくする国際統一基準を作ろうという気運が盛りあがりました。これ自体は、日本人にとってもありがたいことです。

ところが、文字コードの国際標準を決める会議を開いたところ、マイクロソフト社など、アメリカのコンピュータ関係企業がすでに決めていたUnicode（ユニコード）という方式をそっくりそのまま受けいれた内容だったのです。

このUnicodeのどこが問題かといえば、これは本来、世界のどこの国でも同じハードやソフトが売れるようにすることを目的としたものだったからです。Unicode以前には、たとえば日本にソフトを売ろうと思えば、日本用にソフトを改造して、漢字が表示できるようにしなければなりません。韓国用、中国用も同じで、これには大変な手間とコストがかかりました。そこでコンピュータ関連企業が集まり、簡単にローカライズ（地域対応）するための方策として、Unicodeが作られたのです。

そこで、Unicodeでは、日本、中国、台湾、韓国で使われている、それぞれの漢字を各国の文化伝統を無視して、ルーツが同じであれば、字形の違う漢字でもすべて１つにまとめるという強引な方針がとられました。

たとえば、日本の「肖」という漢字は、中国の字形とは共通ですが、台湾では「肖」、韓国では「肖」と表記されてい

ます。日本人からみれば、韓国や台湾の文字はまったく別のものと思うわけですが、欧米人からすれば大差はないように思えたのでしょう。そのため、これらの字はUnicodeではたった1つにまとめられているわけです。

　これが日本国内だけで使うものであれば、それほど困らないかもしれません。「肖」に当たる文字コードのところには、日本流の漢字イメージ「肖」を当てはめておけばいいわけです。

　しかし、違う文字を強引にまとめてしまっているために、せっかく全世界の統一文字コードができても、漢字を使う複数の言語が混在した文書、たとえば語学の教科書は作ることができなくなってしまいます。これでは何のための統一なのか分かりません。また、日本の私たちが中国や韓国のホームページをインターネットで読もうとしても、そこで表示されるのは、いわば「ウソ漢字」になるわけです。

　本来なら、世界中の文字を1つにするならば、文字コードを思い切って24ビットにすべきでした。そうすれば、約1680万の文字を扱えるようになり、日本、中国、台湾、韓国それぞれの文字を別個に収めることができました。これは現在のコンピュータの能力からすれば、大したことではありません。

　しかし、今までアメリカでは8ビットで済んでいたものを、いきなり24ビットにするのはもったいないという、企業側の論理が優先されて16ビットになり、その分、他の国の文字を無理矢理に詰めこんだというわけです。したがって、日本でよく使われる漢字でありながら、Unicodeには入っていないというものも、多数あります。

　ちなみに、このUnicodeの体系では英語のアルファベットは、8ビット時代の番号がそのまま適用されています。です

から、英語用のソフトはほとんど修正なしでUnicodeに対応ができます。これに対して、日本の場合には従来の文字コードとUnicodeではまったく法則性がありません。したがって、従来の規格で作った文書をUnicodeで表示させようとすれば、特別の変換プログラムを用意する必要があるというわけです。

もちろん、日本の代表も国際会議の席上で反対意見を述べたのですが、結局、政治力で上回るアメリカ側に強引に押し切られ、これが国際標準として決められてしまったというわけです。

そんないきさつで決まった基準ですから、いまだに日本国内にはUnicodeに対する根強い反対論があります。先年、中国でコンピュータ関係者たちと会ったときにも、この話が出て、やはり中国でもUnicodeが「熱烈歓迎」されているわけではないことを知りました。

TRONプロジェクトは
なぜ生まれたか

コンピュータは自動車や家電製品よりもずっと、文化や伝統と深く関わるテクノロジーです。インターネットによって世界は1つになると言われていますが、そのようなボーダレスな時代だからこそ、それぞれの国民性や文化が大切になってくるのではないでしょうか。世界中が金太郎飴のように同じでは、わざわざネットでつなぐ必要性はありません。だからこそ、コンピュータの国際規格に関して、日本は日本の立場から堂々と発言をしていく必要があると思います。

といっても、単にアンチ・アメリカ、アンチ・ヨーロッパ

というだけでは困ります。反対のための反対を唱えているのでは、何の生産性もありません。

これからの時代にとって、どのようなコンピュータ技術が必要なのかということを踏まえた建設的な提案を具体的に打ち出していくことが大事ではないでしょうか。コンピュータやネットの技術はかなり成熟したとはいえ、まだまだ発展途上です。技術大国、コンピュータ大国の日本が世界に貢献できる部分はたくさんあります。

前に述べたことと重なりますが、現在のパーソナル・コンピュータはマイクロソフト一色と言ってもいい状況です。8割以上のパソコンが1社のOSで占められているのは、どう見ても不健全です。「マイクロソフトがOSの覇権を握っているから、ビル・ゲイツに任せておこう」と消極的に考えるのではなく、むしろ「だから今こそ、新しいOSが必要だ」と発想して、新しい提案をすることが日本に求められているのではないでしょうか。それが世界第2位のコンピュータ大国としての国際責任だと言っても、大げさではないと思います。

手前味噌になりますが、私が1984年以来、TRONプロジェクトを行なっているのも、そうした考えからです。

TRONプロジェクトは、コンピュータのあるべき姿を世界に提案するという志から誕生しました。マスコミの中には「国産コンピュータ計画」と報じるところもありますが、それは違います。私たちの生活にとって、どのようなコンピュータがふさわしいのかを追求するのが、TRONの目的です。第1章で紹介した「どこでもコンピュータ」を実現するのも目的の1つです。ですから、TRONは日本人のためだけに作られたものではありません。

TRONプロジェクトは、コンピュータのハードウェア、OS、ソフト、そしてその活用法に至る、幅広いジャンルをターゲットにしています。

　ハードウェアやOSの開発にしても、単にパソコン用だけではありません。その中には電話交換機に用いられている通信制御用のCTRON、家電や産業用機器などに組みこむコンピュータに用いられるITRONも含まれます。パソコン用のBTRONは、TRONの一部でしかありません。

　こうしたハードウェアやソフトウェアの開発の他に、TRONプロジェクトでは「どこでもコンピュータ」時代に向けて、1軒の家の中にたくさんのマイクロ・プロセッサを埋めこんだ「TRON電脳住宅」を実際に作り、その使い心地の実験を行なっていたりもします。21世紀の電脳住宅を先駆けて実現しようというのが、TRONプロジェクトなのです。

コンピュータ業界の「暗黒面」

　TRONプロジェクトはこれだけ広範囲にわたるものですから、もちろん私や私の研究室だけでは実現できません。そこで、国内のさまざまなメーカーに協力を仰いでいます。といっても、TRONはどこか特定のメーカーと結びついているのではありません。TRONの基本精神は「オープン」ですから、誰でも自由に、そして無料でその成果を利用できるのです。こうしたやり方は、マイクロソフトの開発手法とはまったく正反対と言ってもいいでしょう。

　この結果、今では国内の電話交換機のほとんどが、通信用

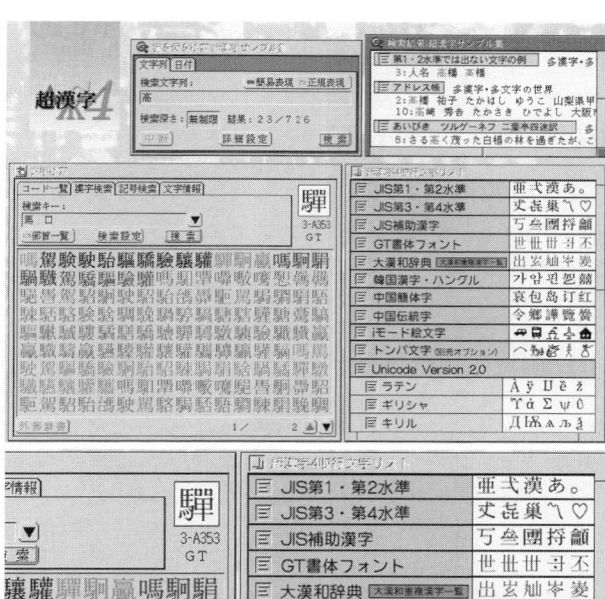

TRONの画面（上）とその拡大図

第9章 317

のCTRONを採用していますし、また電子機器に組みこんで使われるITRONも、国内生産の3分の2近くで使われています。みなさんの家の中にある電化製品にも、ITRONが組みこまれているはずです。これはTRONが現実に役に立つものであると評価された結果だと思っています。

　それでは、パーソナル・コンピュータ用のBTRONはどうかといえば、これは残念ながら、あまり普及したとは言えないのが現状です。BTRONをIBM互換機で使うためのOSが市販されていますが、マーケット・シェアではウインドウズの足下(あしもと)にも及びません。性能面、使いやすさの面から見れば、ウインドウズやマックと遜色(そんしょく)ないどころか、むしろ勝(ま)っています。また、Unicodeのところで触れた文字の処理についても、BTRONでは日本で使われている約6万5000の漢字を収めたうえで、韓国や中国などの漢字や、それ以外の各国の文字を扱えるように改良されています。

　では、なぜBTRONは使われていないのか——実は、そこには生臭い話がからんでいるのです。

　発表当初、BTRONはたいへん好意的に受け止められ、実際にIBMや松下電器など複数の会社がBTRONパソコンを開発しました。また、特定の会社と結びついていない点を評価され、文部省の教育用コンピュータとして採用される運びになっていました。もし、これがそのまま行っていたら、少なくとも日本におけるパソコンの状況はかなり違ったものになっていたでしょう。

　ところが、このBTRONに対して、海の向こうから横槍(よこやり)が入ったのです。

　当時、日米間では通商摩擦の問題がさかんに取りあげられていました。アメリカの貿易赤字は日本の不公正な貿易によ

るものだというのが、アメリカの言い分でした。この日米交渉のアメリカ側窓口になったのは、商務省通商代表部（USTR）というところだったのですが、USTRが発表した「不公正貿易品目リスト」の中に、なんとTRONが加えられていたのです。

　この当時のTRONはプロジェクト開始から間もない時期で、ビジネスとしての成果もこれからという段階です。しかも、そもそもTRONはオープンなプロジェクトなのですから、不公正貿易と言われる筋合いのものではないのです。

　しかし、このUSTRの発表によって、日本のメーカーはBTRONから総撤退しました。重要な取引相手のアメリカからにらまれたら損だと各社が考えたのは言うまでもないでしょう。

　TRONプロジェクトは、もちろんUSTRに対して、事実無根であるという抗議をしました。USTRも「あのリストは、アメリカのメーカーから要求があったものをすべて掲載しただけのもので、実際に調査してみたらTRONに対する批判は濡れ衣でした」と認めたのですが、時すでに遅く、BTRONのOSが普及する絶好のチャンスが失われてしまったというわけです。

　はたして、アメリカのどの会社がUSTRのリストにTRONを加えさせたのかは分かりませんが、この事件によって、日本初の「オープン」なパソコンOSの芽が摘まれたことだけは事実です。この出来事であらためて痛感したのは、コンピュータの世界には技術競争とは違う、「ダーク・サイド」があるということでした。

なぜ、アメリカに
ベンチャーが多いのか

　かくしてＢＴＲＯＮは、思わぬ伏兵のために出鼻をくじかれてしまったわけですが、それでＴＲＯＮプロジェクト全体が終わったわけではありません。先ほども述べたように、ＩＴＲＯＮ、ＣＴＲＯＮは広く使われていますし、ＴＲＯＮプロジェクトが18年前に想定した「どこでもコンピュータ」の時代は、もう目前に来ています。ＴＲＯＮプロジェクトの意義は薄れるどころか、ますます重要になってきているわけです。

　それにつけても、このＴＲＯＮプロジェクトを行なっていて痛感するのは、新しいことにチャレンジする人を応援する雰囲気が、日本の中にあまりないということです。テクノロジーでは世界有数でも、コンピュータ界のリーダーシップを取る人が日本から現われないというのは、そうしたことが大きく影響しているのではないかと心配です。

　ご承知のとおり、アメリカでは今、ベンチャー企業が無数に作られ、コンピュータ界でもそうした新興企業が活力の源（みなもと）になっています。一方、日本はといえば、アメリカほどベンチャーはさかんではありません。そのような日米格差が生まれている最大の理由は、成功や失敗に対する考え方の違いにあります。

　アメリカの有名なベンチャー投資家が、投資基準として第一に考えているのは「その人が何回失敗したか」ということなのだそうです。つまり、過去に失敗した回数が多いほど、その人は有望だというのです。このような発想は、日本人か

らすればちょっと想像もつきません。

なぜ、アメリカの投資家は失敗を重視するのか——その理由を私に説明してくれたのが、友人のアメリカ人投資家でした。彼は私にこう聞きました。

「ねえ、ルーレットで5回続けて黒が出たら、きみならどうする？」

「次は赤に張るだろうね」

「そうだろう。失敗回数が多くても、それにめげずにチャレンジするのであれば、次に成功する確率はぐっと高くなる。そう考えて、投資家はカネを出すんだ」

この説明に、私が感動したのは言うまでもありません。日本では1回でも事業に失敗した人は、世間から「負け犬」呼ばわりをされ、次のチャンスを与えられません。しかし、アメリカ人は失敗は成功への教訓だと考えるわけです。このような前向きの発想があるからこそ、アメリカではベンチャー企業がたくさん作られ、経済の原動力になっているのでしょう。

世界に誇るべき「ニンテンドー」

日本とアメリカで考え方がまるで違うのは、失敗に対する見方だけではありません。それとは逆に、新しい事業に成功を収めた人に対する世間の評価もだいぶ違うようです。

アメリカでは、まったくのゼロから会社を興し、それを成功させた経営者を素直に褒めます。そして、「自分も彼（彼女）にあやかりたいものだ」と思い、奮起する人たちがたく

さんいます。

　ところが日本の場合、急速に成長して発展した会社をマスコミも世間もけっして褒めません。むしろ、嫉妬心もむき出しに「どうせ、あんな会社、長くは続かないさ」と批判的な見方をするのが通例です。これでは、応援するどころか、足を引っ張っているようなものです。日本のマスメディアは、アメリカ人のビル・ゲイツなどは手放しで賞賛しますが、日本の成功者には手のひらを返したように冷たく扱う傾向があります。

　ビル・ゲイツがたしかに優れた経営者であり、20世紀最大の成功者であることは間違いありません。しかし、アメリカ企業の成功を大騒ぎするのであれば、それと同じくらい日本人の成功者について褒めてもいいのではないかと思うのです。

　たとえば、任天堂の社長・山内 溥氏などは、そのひとりでしょう。

　ファミリー・コンピュータ（ファミコン）の発売以来、任天堂がゲーム業界で築いてきた業績は素晴らしいものがあります。今や、どんな国に行ってもゲーム機のない国はありませんが、こうした状況を作ったのは、第一に任天堂の功績です。

　またソフトウェア企業として見ても、任天堂がこれまで発売してきたソフトウェアの数は、マイクロソフトをはるかに超えています。しかも、そのソフトウェアはアメリカのものを真似したものではなく、日本オリジナルのものです。こうした点だけ取りあげても、任天堂の成功は日本人として素直に褒めるべきではないかと思います。

　ところが、実際にマスコミの取りあげ方をみると、どこか偏見を感じます。ビル・ゲイツの話を書くときには「若い頃

から会社を興し、それがたちまち成功を収めたアメリカン・ドリームの体現者」と褒めるのに、任天堂の話になるとトランプや花札を作っていたオモチャ屋という書き方になります。そこに、見下げたような感じを持つのは私だけでしょうか。「たかがゲームじゃないか」と言わんばかりの書き方にも、「パソコンのほうが偉いんですか」と言いたくなってしまいます。

　ゲームの業界はある意味でパソコン業界よりシビアです。大予算を使って上手に宣伝をすれば売れるというものではありません。評価するのは小遣いの限られた子どもたちですから、高いカネを出すに値しないゲーム・ソフトはまったく見向きもされません。そのような中で、家庭用ゲーム機というマーケットを確立した任天堂のことを、やはり日本のマスコミは素直に褒めるべきだと思うのです。

日本が尊敬される国になるために

　話がつい長くなってしまいましたが、日本が世界のコンピュータ界に対して、これから何らかの貢献をしていくためには、技術の開発や国際会議での発言もさることながら、まず新しいジャンルに挑戦する人たちを、失敗・成功に関係なく評価する雰囲気を作ることが大切なのではないでしょうか。自由でオープンな環境でこそ、本物の才能は伸びていくのだと思います。

　そこで、ぜひ本書の読者のみなさんも、こうしたチャレンジャーに対して、批判的な目で見るのではなく、素直に応援

する気持ちを持ってもらいたいと思うのです。

　この章で書いたように、今、アメリカは猛烈な勢いで世界の情報覇権を握ろうとしています。しかし、そうしたアメリカの勝手な言い分がけっこう通ってしまうのも、もともとアメリカが独裁国家ではなく、自由な競争社会であるという事実があるからです。

　もちろん、情報はこれからの時代、ますます重要なものになってくるわけですから、アメリカの言いなりになってしまうのは困ります。やはり日本もそれなりの発言をし、世界から尊重されるようになる必要があります。それは日本だけのためではなく、世界全体のためでもあるのです。

　それには、まず日本がもっといい国に生まれ変わることが先決です。そして、日本がいい国になるためには、ひとりひとりの国民がもっと素敵な人間になることが大事だと思います。

　法律や政治を変えることも大事なことですが、それ以前に私たちがアメリカ人に対して「日本もなかなかいい国だろう」と誇れるようにすることだと思います。そんなことは遠回りの努力に見えるかもしれませんが、コンピュータにかぎらず、今の日本に一番必要なことだと思えてなりません。

　新しいことに向かって努力している人に「がんばれ！」と素直な気持ちで言う。そして、その結果、成功した人には「えらい」と言える気持ちを持つ。私がみなさんにぜひお願いしたいのは、この２つなのです。

第10章

コンピュータよ
どこに行く？

いま、コンピュータの技術は大きな転機を迎えつつあります。
これから100年、
コンピュータはどう進化し、
私たちの生活はどう変わるのでしょう。
その答を解く鍵は
「どこでもコンピュータ」という言葉に隠されています。

技術発展をはばむ
「物理学の壁」

　コンピュータの過去、そして現在をこれまでお話ししてきたわけですが、本書を締めくくるにあたって、コンピュータの未来像、すなわち21世紀のコンピュータはどうなっていくのかを語っていきたいと思います。

　この半世紀の間、コンピュータのテクノロジー、ことにハードウェアのテクノロジーは恐ろしい勢いで進化していきました。かつて大きな部屋全部を占拠していたコンピュータは、今やICの中に入るようになりました。また、そのICも今や、LSIからVLSIへとなり、性能も向上する一方です。

　この勢いは今後も続いていき、コンピュータは果てしなくパワーを上げていくのでしょうか。もっと具体的に言うならば、スーパー・コンピュータを超えるパワーを持ったノートブック・パソコンが作られる日はいつ来るのかということです。

　その答えは、残念ながら否定的です。

　というのは、まず第一に半導体技術の進歩の前には「物理法則の壁」が立ちはだかっているからです。これまでコンピュータがどんどん性能を上げてきたのは、LSIの加工技術が発達し、ひじょうに微細な回路が作れるようになったからです。

　コンピュータの回路を複雑にしていけば、必然的に回路全体は大きくなっていきます。そこでもし、加工技術がそのままであったとしたら、回路を流れる電気信号は当然のことながら、長い距離を走らなければなりません。そうなれば、回

路そのものの効率も悪くなるわけです。ですから回路を複雑にしていき、なおかつ性能を上げるには、加工技術を向上させ、できるだけ小さな面積の中に回路を詰めこむ必要があるのです。

そこで今日では、半導体の回路は約0.1μm（マイクロメートル）単位で設計できるようになりました。μmとは1000分の1ミリのこと。0.1μmといえば、ウイルスにほぼ等しいぐらいの小ささです。ウイルスは電子顕微鏡でしか観察できません。それと同じくらい細かなレベルで現在の半導体は作れるようになっているわけです。

コンピュータの性能を向上させていくには、この加工技術をさらに上げていかねばならないのですが、これは一筋縄ではいきません。というのも、加工精度があまりに小さくなっていくと、「量子力学」の世界に突入してしまうからです。

あなたは「不確定性原理」という言葉を聞いたことがありますか。これはドイツの物理学者ハイゼンベルグが1927年に発見した量子力学の原理です。その詳しい内容は省きますが、結論だけを書けば、原子や光の波といった、ひじょうにミクロな世界では、普通の物理法則が通用しなくなるということを示したものです。量子力学の世界では、物質とエネルギーの境界線がぼやけてきて、人間がそのようすを直接観察することすら不可能になってくるというのです。

実は、現在の半導体加工技術は、そのミクロな世界の1歩か2歩ほど手前の世界にまで進化しているのです。これ以上、加工技術を発展させていこうとしても、そこまでミクロな世界では、常識を超えた現象が起きてしまい、回路が思いどおりに動かなくなってしまうと予測されています。その限界ラインに達するのが、どのくらい先になるのかはまだ分からな

いのですが、いずれその日がやってくるのは間違いのないことです。

21世紀、技術革新が起きない理由

しかし、だからといって、もちろん手をこまねいているわけにはいきません。現在の製造技術に限界があるのなら、別のアプローチでより速いコンピュータが作れないかという研究もなされています。

光コンピュータはその1つです。光はこの宇宙で最も高速なもの。もちろん電子よりも速いわけですから、電気信号に代わって光のパルスで動くコンピュータを作れば、さらに速いコンピュータが作れるのではないかと考えられています。また、現在のシリコン半導体よりも高速に動作する「ジョセフソン素子」の実用研究も行なわれています。さらに現在のノイマン型とはまったく違う構造や原理を持った「非ノイマン型コンピュータ」の研究もさかんになされています。

それでは、21世紀にこのような新しいタイプのコンピュータが実用化されることになるでしょうか——またまた水を差すようで申し訳ないですが、これもまた期待薄です。

私の見るところ、少なくともここ数十年の間は現在の延長線上で技術は進んでいくと思われます。もちろん、いろんな努力によって性能は上がってはいくでしょう。しかし、それはあくまでも現行技術の改良であって、革新ではありません。下手をしたら、ここ100年ぐらいはコンピュータのハードウェアに革新は起こらないかもしれません。

なぜ、そんなことが言えるかというと、従来とはまったく違う革新的な技術を実用化するには、たいへんな投資とマンパワーが必要だからです。

　すでにコンピュータの歴史を振り返ってきたみなさんはよくご承知だと思いますが、現在、私たちが使っているコンピュータ・テクノロジーは、ほとんどすべてアメリカの軍事研究から派生してきたものです。ソ連という仇敵を倒すために、アメリカが巨額の軍事予算を投じ、また優れた研究者たちを集めたからこそ、わずか半世紀の間にコンピュータ技術はここまで発展してきたのです。

　民間の研究と、軍の研究との最も大きな違いは、儲けを度外視しているところです。どんなにお金がかかってもいいから、誰も見たことがないような技術を実用化しろ——こんなことを民間企業がやっていたら、たちまち経営が傾いてしまいます。それでは大学などの研究所はどうかといえば、たしかに儲けは度外視できますが、ありあまるほどの予算を使えるわけではありません。また大学などの場合、どうしても研究が主ですから、実用化の牽引役になりにくいという面があります。

　その点、軍が技術開発をする場合、最先端で、しかも実用化できる技術が求められているわけですから、主要なコンピュータ技術が軍事研究から生まれたというのは、当然の結果だったのです。

　ところが、今やその米ソ対立は終わってしまいました。たしかに今でもアメリカ国防総省はコンピュータ研究の大スポンサーではありますが、冷戦時代と比べれば、その差は歴然としています。冷戦のころには、何が何でもソ連を倒すという動機がありましたが、今やそのライバルがいないのですか

ら、どうしても熱意に欠けるというものです。

　現在のコンピュータ界の主役は、軍から民間企業にシフトしました。その民間企業は今のコンピュータ・テクノロジーで十分に儲けているわけですから、わざわざ儲けを度外視して「夢のコンピュータ」など作ろうとは思わないでしょう。そんなことをやっている暇があったら、もっと儲けたいというのが本音ではないかと思います。

　実際、科学技術計算用のスーパー・コンピュータは、ここ数年というもの、技術発展が止まっています。スーパー・コンピュータのような、研究・開発コストのかかる先端分野には民間の投資家たちもカネを出さなくなり、すぐに投下資金の回収できるパソコンやゲームなどの分野に資金がシフトしているからです。

　もちろん、第3次世界大戦が起こったり、国際緊張が激化して、猛烈な軍拡競争になったりすれば、話は別です。しかし、局地戦は起こっても、そのような大戦争が起こる可能性は今のところまず考えられません。インターネットが普及し、地球上が1つになりつつある今、過去のような大戦争は起きにくくなっています。

　コンピュータのハードが当分、現状維持であることは残念ではありますが、「平和の代償」と考えて諦めるべきなのかもしれません。

「ディープ・ブルー」に知能はあるのか

　ところで「未来のコンピュータ」という話になったとき、

よく話題に出るのが人工知能です。テクノロジーが発達し、人間の持っている知識や知恵を処理できるようになれば、知能を持ったコンピュータが誕生するとは、コンピュータの初期によく言われたことですが、それから半世紀経っても実現できていないのが現状です。

と書くと、読者の中には「最近のコンピュータは性能が上がって、チェスの名人を負かすほどのものが作られているじゃないか」とおっしゃる人もあるでしょう。

1997年5月、IBMの作ったチェス専用コンピュータ「ディープ・ブルー」と、世界チャンピオンのガリ・カスパロフ氏が対戦し、コンピュータが名人を破るという「歴史的偉業」が達成されたのはニュースでも報じられました。コンピュータに負かされたカスパロフ氏が頭を抱えている姿は何とも印象的だったものです。

このディープ・ブルーというコンピュータは「超並列コンピュータ」と呼ばれるもので、その中には512個のマイクロ・プロセッサが使われています。1個のマイクロ・プロセッサがすべての計算を行なうのではなく、複数のチップが協力しあって同時に処理を行なうので、高速で計算が行なえます。ディープ・ブルーはIBMによれば、1秒間に2億通りの指し手が計算できるとされています。

たしかに、このディープ・ブルーは超高性能コンピュータではあるのですが、このコンピュータが本当に「知能」を持っているかと言えば、そうではありません。

というのも、ディープ・ブルーがその内部で行なっているのは、その局面ごとに考えられる可能性をしらみつぶしに検討しているだけにすぎないからです。

人間から見れば、チェスの指し方には無限のバリエーショ

ンがあるように見えますが、数学的にみれば有限です。超高速のコンピュータを使って、長い時間をかけて計算すれば、あらゆる対局のパターンを計算することも不可能ではありません。

といっても、さすがのディープ・ブルーも序盤戦のうちは指し手の可能性が巨大すぎるので、すべての指し手を持ち時間内に読み切るわけにはいきません。

そこで、ディープ・ブルーは過去の定石データベースを使ったりして、最初のうちは指し手を決定しているのですが、勝負が進んでいくにつれ、指せる手はどんどん狭まっていきます。

そこで終盤戦ともなれば、ディープ・ブルーはその計算能力にものを言わせて、理論的に考えうる、すべての指し方を検討し、その中で最善の手を打てるわけです。

ですから、前半を優勢に乗り切ることさえできれば、後は「必勝の態勢」に持ちこめるのです。

市販されている将棋やチェスのソフトも、基本的には同じアルゴリズムを使っています。

ただ、一般のパソコンやゲーム機では、すべての可能性を読んでいると、いくら時間があっても足りませんから、何十手か先読みしたところで切りあげています。

だから、素人がやっても十分に勝てるわけですが、ディープ・ブルーは後半戦ともなれば、ありとあらゆる可能性を考慮に入れていますから、チェスのチャンピオンに勝てたというわけです。

コンピュータは探偵になれるか

　人間とコンピュータとの最も大きな違いは何か——それは人間の場合、自分自身で答えの出し方を考え出せるという点です。コンピュータには、それはできません。あらかじめ解き方を教えておけば、コンピュータは人間よりも早く答えを出すことができますが、解き方が分からなければ、何もできないのです。

　このことを専門用語を交えて言い換えれば、「人間はヒューリスティックであり、コンピュータはディターミニスティックだ」ということになります。ヒューリスティックheuristicとは「発見的」「試行錯誤的」という意味で、ディターミニスティックdeterministicとは「決定論的」ということになります。

　この違いを理解するには、推理小説を考えてみるのが一番いいでしょう。

　密室殺人が起こり、名探偵が呼ばれます。探偵の前にあるデータは、殺人現場の情報と関係者の証言だけ。このとき名探偵の心の中で行なわれているのは、試行錯誤の連続です。「もし、ガイシャの奥さんが犯人だったとして、彼女が殺す動機は何だろうか……」「いや、奥さんが殺す可能性はない。だとしたら、執事が怪しくはないか……」「待てよ、ひょっとしたら自殺の可能性はないだろうか……」などといったぐあいに、名探偵の灰色の脳細胞は激しく働きます。

　この名探偵役を今のコンピュータが代役できるかといえば、それは無理というもの。

かりに古今東西、ありとあらゆる殺人事件のデータが詰めこまれたコンピュータがあったとしても、そのデータから少しでも外れるものがあったら、コンピュータは結論にたどりつけません。「４次元宇宙人による殺人」なんて奇想天外な事件が起きたとしたら（絶対起きないとはかぎりません）、コンピュータはお手あげです。

　このことからも分かるように、コンピュータができるのは、すでに解き方が分かった問題だけなのです。これが「ディターミニスティック」、つまり決定論的という意味です。

　迷宮入り殺人事件の解き方など、誰もプログラミングできるわけもありません。コンピュータができるのは、シナリオがあらかじめ決まっていることだけなのです。

　ディープ・ブルーがチェスでチャンピオンに勝てたというのも、結局、プログラマーが作ったシナリオに沿って、すべての手を読んだだけのこと。試行錯誤によって、新手を発見したわけではありません。ヒューリスティックではなく、まさにディターミニスティックなアプローチだったのです。

　そのことをディープ・ブルーの開発者である、フェン氏はこう語っています。

「人間とコンピュータの発想はまったく違う。砂浜で指輪を落とした場合、人間なら自分の足跡をたどったり金属探知機で探すでしょう。しかし、コンピュータは、巨大なブルドーザで砂浜を掘り起こし、ありとあらゆる粒子１つずつをチェックし、それより大きいものをピックアップするのです」

人工知能研究が
「失敗」した理由

　さて、こうしたコンピュータの限界を突破し、「ヒューリスティックなコンピュータ」を作ろうというのが人工知能研究の目的の１つでした。

　人工知能（Artificial Intelligence）という言葉が最初に使われたのは、1956年夏に行なわれた「ダートマス会議」だとされますが、その後、ＭＩＴ（マサチューセッツ工科大学）のマービン・ミンスキー教授が人工知能研究所を作ったあたりから、人工知能研究がひじょうに注目されるようになりました。日本でも1980年代に通産省の肝いりで「第５世代コンピュータ」プロジェクトが始まり、人工知能に官民をあげた取り組みが行なわれました。

　しかし、そうした試みは今のところ、成功していません。

　その最大の理由は、そもそも人間の知能とは、いったいどのようなものなのかということがよく分かっていなかったからです。

　たとえば人間は何かのアイデアに突然ひらめくことがあるわけですが「ひらめき」とは何かと聞かれると、いまだによく分かっていません。無意識のうちにずっと考え続けてきたことの答えが、突然意識に上るのが「ひらめき」だという解釈もあるし、そうではなくて、脳神経の複雑な結びつきが斬新なアイデアを産み出すと考える人もいます。

　ひらめき１つを取ってみても、そのメカニズムが分かっていないのに、知能を持ったコンピュータを作れるわけがありません。そうした反省から今では人工知能そのものではなく、

人間の脳をもっと深く知るために脳科学に注目が集まっています。

冷静に考えてみれば、これは当たり前のことなのですが、コンピュータの草創期は新技術ができたことの興奮が先に立って、そうした議論が吹き飛んでしまったのです。また「コンピュータに知能を持たせる」というと研究予算もおりやすく、さらにマスコミの取材が集まるということから、地道な研究がおろそかにされ、いきなり応用研究を始めてしまったという側面も否定できません。

それはさておき、コンピュータが本当に知能を持てるようになるには、まず人間の知性の解明が先だということです。脳科学の研究はようやく緒についたばかりですから、人工知能が出現するには相当な時間がかかりそうです。

自動翻訳機が誕生する日

しかし、この40年あまりの人工知能研究がまったくの無駄で終わったかと言えば、そういうわけではありません。知能そのものは無理にしても、人間が行なっている知的作業のいくつか、たとえば、モノを認識することとか、言語を翻訳することなどは、今、徐々にコンピュータで実用化されつつあります。

近年、IBMから発売されたのがキーボードを打つ代わりに、音声でコンピュータに指示を与えたり、あるいはワープロで入力ができるという商品です。人によって声の質も違えば、アクセントも微妙に異なるのに、それをかなりの精度で

認識できるようになったのは、人工知能研究の成果だと言えます。

　また、これはまだ発売されていませんが、日本語で「こんにちわ」と話すと機械が自動的に「Hello」と訳してくれる、携帯用の自動翻訳機というのも出現するかもしれません。といっても、今の技術を見るかぎりでは、長文や、ややこしい文章を人間の同時通訳のように訳してくれるというところでは無理そうです。「トイレはどこですか」とか「大英博物館は今日、開いていますか」といった、旅行用に限定したものだったら大丈夫でしょう。

　口の悪い言い方をすれば、一種の電子オモチャのようなものなのですが、人間の話す文章を解析し、それを英語に置き換えるのは、コンピュータにとってみれば、けっこう大変な作業です。

　人間の話す言葉（自然言語）は柔軟な構造をしていて、「トイレに行く」と言っても通じるし、「行く、トイレ」と言っても通じます。「トイレに行く」が正解で、「行く、トイレ」は例外だと分類してコンピュータに教えこむこともできますが、そうやると人間の言葉は例外だらけになってしまい、プログラムを作るのが大変です。

　そこで、人工知能の分野では、コンピュータに翻訳をさせるには、どのような処理をすればいいのかという研究が行なわれてきました。その成果がようやくコンピュータの性能向上で実用化の域に達しつつあるわけです。

　実際、英語で書かれたインターネットのホームページを翻訳するソフトなどは、すでに発売されています。その訳文を見ると、まだまだ英語の先生からは褒めてもらえそうにないレベルですが、かつてを思い起こせば、そうしたソフトが市

販されていること自体、すごい進歩と言うことができます。
　インターネットの翻訳ソフトがまだ上手に訳せないのは、どんな文章も訳してしまおうという汎用性を狙っているからです。もし、これが旅行だけということであれば、かなり役に立つものになると思います。その場合、せめてウォークマンぐらいのサイズにしなければならないことは言うまでもないことですが、それはけっして不可能ではないでしょう。

「技術から使い方へ」

　新型コンピュータの実現もむずかしい、人工知能の登場はまだまだ遠い——夢のない話ばかりが続いてしまいました。読者の中にはがっかりした人もあると思いますが、だからといってコンピュータ技術がこのまま停滞してしまうというわけではありません。
　たしかにコンピュータやネットワークの基本アイデアや技術は、この半世紀でかなり出尽くした観があります。
　しかし、そうやって急速に発達したコンピュータを現在のわれわれが完全に使いこなしているかといえば、そうではありません。個人用のコンピュータが誕生して20年足らず、インターネットにしても、一般に開放されてから10年も経っていません。WWWに至っては、まだ5年そこそこの歴史しかないのです。コンピュータやインターネットの潜在能力を完全に引き出すには、あまりに時間が短すぎるというものです。
　20世紀がコンピュータ実用化の時代であったとすれば、21世紀はそのテクノロジーを現実の生活に、どのように応用し

ていくかを考えていく時代になる――これが私の「未来予測」です。

情報処理マシンとしてのコンピュータや世界をつなぐインターネットの出現に大騒ぎをする時代は終わり、コンピュータやネットとの付き合い方を腰を据えて考えるべき時期にさしかかっているというわけです。たとえて言うなら、コンピュータ技術はようやくつぼみを結び、これから大輪の花を咲かせることになると思うのです。

21世紀には、今の私たちが想像もしない新しいコンピュータの使い方が開発されることになるでしょう。また、コンピュータの形態そのものも、大きく変わって行くはずです。そのことについて、これから私の予測をまじえてお話ししていきたいと思います。

電子商取引が
経済を変える

さて、これからのコンピュータを考えるうえで、話題の中心になってくるのは何といってもネットワークです。ネットワークは単に情報の世界を変えるだけではなく、経済そのものにも大きな変革を与えようとしています。そこで、まずインターネットの話から入っていきたいと思います。

みなさんもすでにご存じかとは思いますが、インターネットは経済の世界に流通革命を起こしつつあります。いわゆるオンライン・ショッピングが、それです。

これまでは何かものを買うとき、たいていの場合、私たちはその店に直接足を運ばなければならなかったわけですが、

インターネットによって、気軽に世界中の商品が買えるようになっています。あるアンケートによれば、日本のインターネット・ユーザーの約半数が、こうしたオンライン・ショッピングを経験していると言われます。

オンライン・ショッピングのことを、別名「電子商取引エレクトリック・コマース」と言いますが、電子商取引の革命的なところは、単に遠距離の店からモノを買えるというだけではありません。直接、買い手と売り手が取引できるので、問屋や中間業者のマージンが不要になるし、また無店舗販売も可能になって余計な経費もかからない。そこで、モノ自体の価格がずっと安く抑えられる——価格破壊、流通革命が今や世界中で行なわれつつあるのです。

こうした流通革命が行なわれているのは、モノの販売だけではありません。株の取引や銀行口座の管理といったサービス分野でも、インターネットが利用されつつあります。最近では音楽業界にもこの波が押し寄せ、これまでのように音楽をCDとして販売するのではなく、曲そのもののデジタル・データをネット上で販売しようという動きも現われています。デジタル・データを買ったお客さんは、そのデータを自分のパソコンや再生専用装置で聴くというわけです。その場合、音楽CDを買うよりも、値段がずっと安くつくのは言うまでもありません。

このような電子商取引の発展を受けて、電子マネーも開発中です。現在はオンラインでモノを買う際には、クレジット・カードや銀行振りこみを利用するのが一般的ですが、そうした間接的な方法ではなく、直接に、しかも、その場でお金の決済をできるように作られたのが電子マネーです。利用者はあらかじめ、自分の持っているお金を電子マネー会社に

渡し、それと交換に特殊なデジタル・データをもらいます。オンラインで買い物をする際には、そのデジタル・データを店に送信することで取引が完了するというわけです。

　電子マネーのいいところは、100円や200円といった小さな買い物にも利用できるという点です。クレジット・カードはカード会社が店から手数料を取るので、小額取引だと店の利益がなくなってしまいます。そこで電子マネーが注目を集めているというわけです。もし、電子マネーが実用化されれば、オンライン・ショッピングは一層の飛躍をするに違いありません。

　電子マネーの実用化で一番のネックとなっているのは、偽造をどうやって防ぐかです。普通の紙幣でさえしょっちゅう偽造事件が起きているのに、それよりずっと偽造しやすいデジタル・データの安全性を守るのは容易ではありません。また、電子マネーを他人が盗んで使うということもありえます。

　そこで、電子マネーには高度な暗号技術で偽造防止策が施され、また本人確認のための技術も盛りこまれているのですが、その安全性を確認するための実証実験が今、行なわれている段階です。電子マネーの普及はかなり近いと言えるでしょう。

「大競争時代」が始まった

　このように、インターネットはすでに消費や流通の分野で経済を変えつつあるわけですが、この変化はこれだけでは終わりません。むしろ、これからが本番と言ってもいいほどで

す。
　ここまで見てきたように、現在の電子商取引は主として、企業と個人との間で行なわれるものを指しているわけですが、今後はさらに範囲を広げ、企業と企業との取引でネットワークを活用することに重点が移っていくと予想されているのです。
　ここ10年ほどの間に、世界経済は急速にボーダレス化しています。これまでは国境に制約されてきたモノやカネの取引が一気に自由になり、世界経済全体が1つになりつつあると言われています。
　もちろん、そこで大きな役割を演じたのが電子ネットワークだったわけですが、その結果、アメリカでも日本でも企業は「大競争時代」に突入することになりました。
　経済に国境がなくなったということは、マーケットにも国境がなくなったことを意味します。消費者は世界中の商品の中から、最も安く、最もいい製品を選べるようになりました。つまり、マーケットで勝ち残ろうと思えば、どんな企業であっても、いつも「世界水準」を意識していかねばならないというわけです。世界のどこに出しても恥ずかしくない値段で、しかも最高の品質の製品やサービスを提供しないかぎり、海外のライバル企業にシェアを奪われてしまうという時代になったのです。
　この大競争時代を生き抜くため、世界中の企業がネットの活用に知恵を絞っています。インターネットを単に小売りに使うだけではなく、製品の開発、製造、仕入れ、在庫管理など、企業活動のすべてにネットを利用することで、コスト・人員の削減や企業活動のスピードアップを図ろうというのが、その狙いです。

ところが、こうしたネット活用のうえで問題になるのは、一企業の中だけでネットワーク（LAN）を構築すれば、目的を達成できるわけではないということです。

企業が活動していくうえでは、たくさんの企業との連携が必要になってきます。部品を作るには下請け業者が必要ですし、また商品の開発や設計では専門の会社の助けを借りなければなりません。また原材料の仕入れには商社との連絡が欠かせません。世界マーケットで生き残るためには、他社との取引でもコスト削減や効率化を徹底的に行なう必要があるわけです。

ネットワーク化の思わぬ「敵」

しかし、そうした会社間の取引にネットを活用する場合、お互いのデータ形式を統一しなければ意味がありません。

たとえば、部品の設計図を電子化して、ネットワークで送ればたしかにスピーディだし、発注元が「ここをこうしてくれ」と変更依頼をするのも簡単になるのですが、設計会社のほうが作った設計データが自社のコンピュータで読みこめなければ何の意味もありません。

その場合、誰でも考える簡単な解決策は、設計会社が使っている設計用ソフトを自分の会社にも導入するということでしょう。そうすれば、相手が作ったデータは無事、読みこめるのですが、その設計データは次に下請けの部品会社に送り、実際に作ってもらわねばなりません。しかし、もし部品会社にそのソフトがなかったら、どうなるでしょう。「せっかく

送ってもらったデータだけれども、読みこめません」ということになります。

設計1つを取ってみても、他社とネットでデータのやりとりをするのは大変なのに、企業活動のすべての段階でネットを使おうとすれば、気が遠くなるほどの作業が必要です。企業間に交わされる書類の数は膨大です。発注書、納品書、マニュアル……これらの形式を、いくつもの取引先と相談して統一することなど、絶望的と言っていいでしょう。「言うはやすく、行なうはかたし」とは、まさにこのことです。

難問解決の切り札
CALS

こうした難問を解決してくれる「救世主」が、CALS（キャルス）です。

CALSとは、開発、製造、納品や保守といった企業の活動に関係するさまざまな文書やデータの形式を統一するための国際規格のことです。企業間の取引に統一規格のCALSを使うことで、コンピュータのハードやソフトが違っても、データのやりとりができるというわけです。

このCALSの産みの親は、アメリカ国防総省。

ブルータス、お前もか！

みなさんのため息が聞こえてきそうですね。例によって例のごとく、他のコンピュータ技術と同様、企業間取引のお手本もアメリカ軍が作り出したものです。

といっても、アメリカ軍が文書の統一形式を開発することになったのは、何もソ連軍を叩きのめすためではありません。

ＣＡＬＳ誕生の直接のきっかけは、軍や国防総省の中で書類洪水が生まれ、どうにも処理しきれなくなったからです。世界最強を誇るアメリカ軍もしょせんは官僚組織。文書による手続きは何よりも重視されます。ですから、山のように書類や伝票が作られているわけですが、アメリカ軍は人間集団としては世界一の規模です。その文書の量たるやわれわれの想像を絶するものがあります。

　たとえば、原子力潜水艦を１つ作ろうとするのでも、設計図、仕様書から始まり、個々のパーツの使用マニュアル、また保守点検のためのマニュアルなどが必要なわけなのですが、そうした文書をすべて潜水艦に積みこんだら、その重みで潜水艦が二度と浮き上がってこれなくなるくらいの量になると言われているほどです。

　こんな書類の山に押しつぶされていては、戦争なんてできるわけもありません。そこでアメリカ軍はさっそく、全文書をすべて電子化し、コンピュータで管理できないかというプロジェクトを開始しました。

　そこで生まれたのが文書の統一規格ＣＡＬＳというわけです。ＣＡＬＳとは「コンピュータによる兵站の支援」Computer-Aided Logistics Supportという名称の略語。軍事作戦に必要な物資や資材の管理・調達をコンピュータでするための規格ということです。

企業の形が変わる

　当初、ＣＡＬＳを使っていたのは軍とアメリカの軍事関連

企業だったわけですが、その実用性が認められ、一般の企業にも広まることになりました。それにともなってCALSの定義も今では変化しています。

いろんな言い方があるのですが、最も内容をよく示しているのは「コンピュータによるライフサイクル支援Computer-Aided Lifecycle Support」という定義でしょう。製品を作るための物資の調達、そして開発から製造、保守にいたるまでの製品の全プロセス（ライフサイクル）を、ネットワークで処理しようという意味です。

なお最近では、こうした製造サイクルに加えて、販売もCALSでスピーディに処理できるという意味で「光速の商取引 Commerce At Light Speed」と言う人もいます。しかし、さすがにこれはこじつけのような気がします。

それはさておき、インターネットの今後を考えた場合、CALSはかなり重要です。これまでインターネットというと、趣味のもの、個人のものといったイメージが強くありました。また、企業のインターネット利用もホームページの公開止まりでしたが、これからは経済活動の大部分がインターネットで処理されるようになると思われます。

そのようになったとき、企業の形そのものも変わっていくでしょう。ネットを使えば、その人のいる場所に関係なく、共同作業が行なえるようになります。ですから、企業が大きな本社ビルを構える必要もなくなります。

またCALSを使って受発注作業が簡単に、しかも確実に行なえるようになれば、社内に製造や開発の専門セクションを置く必要もありません。開発も製造も販売もすべて外注にしてしまって、本社は管理機能だけにするということもありえます。いわゆるアウト・ソーシングと呼ばれるものですが、

それが一層加速していく可能性もあります。
　数十年後の企業は、今の私たちが知っている企業とはまったく別の形になっているでしょう。
　そうなったとき、私たち個人個人の仕事のやり方も、当然変わっていくでしょう。ラッシュの電車に乗って会社に行くのではなく、それぞれの自宅で仕事をし、給料は電子マネーで送られてくる——そんな時代が間もなくやってくるのかもしれません。

「どこでもコンピュータ」とは何か

　さて、ここまでお話ししたインターネットの話題は、現在の延長線上で行けばどういう展開がありえるかという予測だったわけですが、これとはまったく違う未来像も考えられます。それは第1章で少し触れた「どこでもコンピュータ」の出現です。
「どこでもコンピュータ」というのは私の造語で、同じことを英語では「ユビキタス・コンピューティング」と言います。ユビキタスubiquitousとは「遍在する、あまねく存在する」という意味の形容詞です。
　ネットワークのところで、コンピュータは「集中から分散へ」、そして「孤立から共同へ」という流れで進化してきたと記しました。
　インターネットは、そうした流れが具体化したものであったわけですが、これらの傾向が一層進むと、どういうことが起きるかと考えたとき、この「どこでもコンピュータ」とい

うアイデアが出てくるのです。
「インターネットは世界中のコンピュータを結んだ」とよく言われるのですが、実はこれは正確な表現ではありません。

　たしかに企業のワークステーションや個人のパーソナル・コンピュータはネットでつながりました。しかしネットにつながっていないコンピュータが、この世の中にはもっとあります。数で言えば、インターネットにつながっているコンピュータよりも、つながっていないもののほうが圧倒的に多いのです。

　それは何かといえば、いわゆる「組みこみコンピュータ」というものです。電話機、ビデオ・デッキ、電気釜、エアコンといった家電製品に組みこまれたコンピュータ、また自動車のカーナビや携帯電話に使われているコンピュータがそれです。

　これらのコンピュータは現在、それぞれが孤立した形で動いているわけですが、それらがもし、ネットワークでつながったとしたら――そこで生まれるのが「どこでもコンピュータ」というアイデアなのです。
「どこでもコンピュータ」の研究は、1984年、東大の坂村研究室、すなわち私の研究室で始まったTRONプロジェクトが最初です。あえて自慢しますが、これはアメリカよりもずっと早いスタートです。ちなみに現在、どこでもコンピュータ研究を行なっている主要な研究施設には、ゼロックスのパロアルト研究所、コロンビア大学、マサチューセッツ工科大学のメディアラボなどがあります。

　TRONプロジェクトが始まった当時は、コンピュータ組みこみの家電製品もLANも登場したばかりの時期だったのですが、「いずれコンピュータはあらゆるモノの中に入って

いくだろう。そして、そのコンピュータがネットワークで接続されるようになっていくのではないか」と私は考えました。そうした技術が実用化される日を見越して、今のうちから研究しておくべきではないかと考えたのです。

しかも幸いなことに、そうした研究をする場合、日本にはアメリカよりもずっと有利な点があります。それは製品、ことに一般向けの製品をコンパクトにする技術で日本が勝っているという点です。「どこでもコンピュータ」は小さくなくては意味がありませんから、これはとても重要です。そこでメーカーなどにも声をかけ、TRONプロジェクトをスタートさせたというわけです。

電脳住宅

こうした「どこでもコンピュータ」のアイデアを応用して、実験的に作られたのが1989年のTRON電脳住宅です。将来の生活で大量のコンピュータが使われるとしたら、実際の家の中はどうなるかを研究するために、実際に住宅を造ってみようというものです。このプロジェクトでは100坪の住宅に1000個のコンピュータを設置しました。

コンピュータを設置するといっても、もちろんマイクロ・プロセッサだけでは何の意味もありません。温度や光といった外界の情報を監視するためのセンサー、そして、コンピュータの判断を実行に移すためのアクチュエイタと呼ばれる装置があって、はじめて役に立ちます。

たとえば、この電脳住宅では、家の外を気持ちのいい風が

吹いていることをセンサーがキャッチすると、コンピュータがその情報を処理し、窓の開閉装置（アクチュエイタ）に指示を出して、最適なパターンで窓が開くようになっています。また雨が降ってきたら、今度は窓が閉まり、同時にエアコンが働きます。

窓の開け閉めなどは、まだ序の口です。これをさらに発展させれば、住人が音楽をステレオで聴いているとき、その音楽がピアニッシモに近づくと、自動的にエアコンが静音運転に切り替わるということもできます。住宅の中に構築されたネットワークを通じて、さまざまな機器が情報のやりとりをし、共同して快適な環境を作るというのが電脳住宅のコンセプトなのです。

現在、日本の住宅メーカーから「インテリジェント住宅」といった名称の住宅が売られています。外からの電話で窓やカーテンの開け閉めができるとか、お風呂が入れられるといったものですが、電脳住宅と大きく異なるのは、電脳住宅のほうは分散システムを採用している点です。インターネットと同じように中枢部がないので、かりに一部が故障したりしても、全体のシステムには影響が出ません。

この点、市販のインテリジェント住宅は集中管理システムですから、もし制御用コンピュータが止まれば、とたんに全体が機能を停止します。また、分散システムだと後から設備を買い足したり、家を改造したりしても柔軟に対応できる点でも優れています。

ネットワークが
都市と地方の対立を消す

「どこでもコンピュータ」の目標は、もちろん住宅内のネットワークだけではありません。住宅だけではなく、オフィス・ビルなどにもそうした機能を与え、全体をネットワークでつないでいき、都市全体にネットワークを作っていく。そして、さらに都市と都市をネットワークで結んでいく……というぐあいに、応用範囲は限りなく広がっていきます。

そうやって家庭の電化製品に入っているコンピュータが世界につながっていくと、いろんな応用が考えられます。たとえば、冷蔵庫の中のオレンジがなくなると、その情報がカリフォルニアの生産農家にあるコンピュータに伝わり、オレンジの生産計画に変更を与えるといったことも可能です。消費の現場と生産の現場が直結すれば、経済はもっと効率よく運営されていくに違いありません。

また、自動車でドライブするときに、道路に埋めこまれたコンピュータが渋滞情報を自動車のコンピュータにリアルタイムで伝え、自動的に最適のコースを選択するということも可能です。このように、「どこでもコンピュータ」の応用例はいくらでも考えられます。

こうしたことを書くと、読者の中には「コンピュータに監視されて、24時間生活するなんて息苦しい」という印象を持つ人もおられるかもしれません。プライバシーがなくなるのではと心配する人も多いでしょう。

しかし、「どこでもコンピュータ」の大事なところは、インターネットと同様、全体の情報管理をするコントロール部

を持たない点です。中央集権とか管理強化と対極にあるのが、この「どこでもコンピュータ」の発想です。

　現在の社会は自由な世界と言われますが、実際にはいろんな制約があります。たとえば生活環境から考えれば地方に住みたいのだけれども、仕事の関係上、どうしても都市に住まなければならない。そこで、毎朝、混んでいる電車に乗って会社に通わなければなりません。

　しかし、コンピュータのネットワークが発達することによって、過密都市に住む必要がどんどん薄れ、好きな場所で暮らしながら、好きな時間で仕事ができるようになりつつあるわけです。

　しかもネットを使えば、誰とでもコミュニケーションが取れるわけですから、たとえ山奥に住んでいても不便はないわけです。

　さらにいえば、今の日本は特に大都市と地方とのギャップが激しすぎます。人もモノもお金も、そして情報もみな東京や大阪に一極集中していますが、ネットを全国土に張り巡らせていくことによって、現在のいびつな状況も解消できます。

　こうした例でも分かるように、「どこでもコンピュータ」は、現在の中央集権的、一極集中的な社会の仕組みを変え、もっと人間中心に生きられる世の中にするための技術でもあるのです。

　もちろん、プライバシーを守るというのは、大事な問題です。どんなに技術が発展し、世の中が変わっても、悪いことを考える人はいるわけです。そうした犯罪を未然に防止するための技術はもちろん必要になってくるでしょう。

誰でも使えるコンピュータよ
現われろ！

　私がTRON電脳住宅などのプロジェクトで行なっていることが、現実のものになるには、もちろん、まだまだ時間がかかるでしょう。しかし、最近のコンピュータ界を見ると「どこでもコンピュータ」への動きはますます明確になりつつあるようです。

　第1章に記しましたが、携帯用の電子メール端末が日本で爆発的に売れたり、あるいは世界中でPDAと呼ばれる携帯用の電子手帳が売れているのは、これまでのコンピュータに対する不満がかなり高まっていることの証明です。

　これまでのコンピュータといえば、机の上にデンと座っていて、何か調べものをするときには、人間のほうが機械に近づいていかねばなりませんでした。本来ただの道具のはずのコンピュータのほうが偉くて、人間がコンピュータのご機嫌を取っているといった感じがありました。しかも、そのコンピュータに何かお願いするのでも、いちいちマニュアルやガイドブックを開かなければならなかったわけです。

　そういえば、最近のパーソナル・コンピュータの流行は、ワンタッチ・ボタンというやつです。キーボードやマウスで電子メール・ソフトの操作をするのは面倒くさいということから、ボタン1つで、自動的にインターネットに接続してくれて、しかも電子メールの送受信も済むといった機能がコンピュータに付けられるようになりました。こうしたことも、コンピュータが「ヒトにやさしい商品」に変わりつつあることを示しているのではないでしょうか。

イネーブル・ウェア

「人間がコンピュータに近づくのではなくて、コンピュータが人間に近寄ってくるべきだ」という意識はかなり広まりつつあるようですが、そうした流れで考えたとき、これからますます重要になってくるのは、「イネーブルウェア Enableware」という発想です。

今後、コンピュータが生活のあらゆるところに入っていくとき最も問題になってくるのは「コンピュータ弱者」を作らないということです。

たとえば日本はますます高齢化社会を迎えると言われていますが、そうしたお年寄りが使いやすいコンピュータを開発する必要があります。また、身体に障害がある人たちが使いやすいコンピュータの開発も重要です。一部の人を置き去りにしたままでは、コンピュータをいくら普及させても、それで社会がよくなったとは自慢できません。

ところが現実の社会を見ると、そうした発想がないままコンピュータが応用されている例をよく見かけます。たとえば、最近よく見かけるのが液晶パネルを押して操作する切符の自動販売機です。昔の券売機はボタン式でしたから、目の見えない人も手探りで切符を買うことができました。ところが液晶のタッチパネル式だと、表面はツルツルですから、どこに何のボタンがあるのか分かりません。

また、最近の携帯電話はたしかに小さく、軽くなって持ち運びに便利になりましたが、その一方でボタンはどんどん小さくなり、また操作表示の文字も見にくくなっています。携

帯電話を必要としているのは何もサラリーマンや若者だけではありません。お年寄りも、外出先で身体の調子が悪くなったりしたときの用心として携帯電話を持ちたいはずなのですが、今のようなデザインではなかなか使いづらいものがあります。

「人間を助ける道具」として今後、コンピュータを進化させていくには、こうした人たちが使いやすいものを開発することが何よりも先決です。そういう目標を指す言葉として、TRON開始のころに私が作ったのがイネーブルウェアという言葉です。「可能にする」という意味のイネーブルと、ハードウェア、ソフトウェアというときのウェアを組み合わせた造語で、「使いにくいものを使いやすくするための工夫」といった意味です。最近ではバリア・フリーとかユニバーサル・デザインとかいう言葉も使われていますが、これらも同じような意味です。

たとえば、手の不自由な人がキーボードを打つときに、一番困るのが、「2つのキーを同時に押す」という操作です。キーボードでアルファベットの大文字を打つときには、文字のキーと同時に「シフトキー」と呼ばれる特殊キーを押さないと駄目なのですが、手が震えたりする障害があったり、片手しか使えない人にとって、この操作は困難です。

そこで、コンピュータの設定を変えれば、同時に押さなくても、一定の時間内に続けて文字キーとシフトキーを押せば、大文字が打てるようになるというのも、イネーブルウェアの基本的なものの1つです。

また、弱視や老眼で普通の画面表示は文字が小さくて見にくいという人のために、文字のサイズを自由に変えられるようにするという工夫も必要になってきます。

このようなイネーブルウェアは、私がパソコン用TRONのBTRONを設計したときから、最重点課題にしていたことなのですが、一般の企業にとっては障害を持つ人や老人というのは、「ユーザーのごく一部」という認識ですから、なかなかそこまで手が回りません。その結果、高齢者や障害者を置き去りにした商品開発が行なわれているというのが、悲しいかな、日本の現状です。年をとれば誰でも目も悪くなり、耳も遠くなり、身体も不自由になるのですから、そんな認識はおかしいと思うのですが。
　その点、さすがだと思うのはアメリカです。
　放っておくと企業がイネーブルウェアを開発しないのは日本もアメリカも変わりません。そこで、アメリカ議会は法律を制定して、「障害者のことを考慮して作られていない機械をアメリカ政府はいっさい買わない」という決まりを作ったのです。アメリカ政府は、コンピュータ業界にとって大きな得意先ですから、政府に買ってもらえないのでは死活問題です。そこで、あのマイクロソフトもウインドウズにイネーブルウェアを組みこむようになったというわけです。
　何でもアメリカに学べと言うつもりはありませんが、このあたりは日本政府もぜひ導入してほしいと思います。補助金をばらまいたり、公共事業をやるのも景気浮揚のためには必要かもしれませんが、それなら「障害者や高齢者を無視した製品を作っている会社には補助金を出さない」といった措置をとるべきではないでしょうか。
　実利面から見ても、これから先進国はみな高齢化社会を迎えるわけですから、日本のメーカーがイネーブルウェアに率先して取り組むことは、国際競争力の点からいっても、大事なことなのではないかと思います。

デジタル・ミュージアムとは

　これからのコンピュータやネット像を考えるとき、ものすごく大きな問題がもうひとつ残っています。
　それは、コンピュータにどんな情報を処理させ、ネットを使ってどんな情報を世界に発信していくかということです。こうした情報の中身のことを「コンテンツ」と言います。コンテンツとは英語で「目次」とか「中身」という意味です。これだけテクノロジーが発達しても、その技術が単にカネ儲けや目先の娯楽だけに使われているのでは、もったいないというもの。昔のことわざでいえば、「仏作って魂入れず」になりかねません。
　そこで今、世界中で行なわれようとしているのが、私たち人類がこれまで築きあげてきた文明や文化、知識をコンピュータにデジタル情報として収めようという試みです。
　こうした試みを「デジタル・ミュージアム」と私は呼んでいます。電子化された博物館（美術館）ということです。コンピュータは当初、文字や数字しか扱えませんでしたが、今や音声や画像などのマルチメディア技術が実用化されています。コンピュータの中に、そっくり博物館の収蔵品を収めることもできるというわけです。
　私のいる東京大学では、1996年に東京大学総合研究博物館を開きました。東大は120年以上の歴史があって、600万点を超す文化財を持っているのですが、これまで本格的な博物館を持っていませんでした。そこで総合博物館が作られたというわけですが、単なる博物館では面白くないので、私も参画

第10章　357

して、この博物館をデジタル・ミュージアムにしようという試みが行なわれています。

デジタル・ミュージアムには、いろんな利点があります。

第一に、貴重な美術品や文化財をデジタル・データにすることで、半永久的に保存することができるという点です。

モノはいくら丁寧に保管していても、時間の経過の中でだんだん傷(いた)んできます。ですから、とても貴重な文化財ともなると、研究者でさえ近寄ることが許されないものもあります。しかし、それをデジタル化すれば、たとえ現物がなくなっても、その情報は残ります。本のページや絵といったものを画像データにするのは当然のこと、壺や仏像などの立体物も、3次元の形状データを測定しておけば、その複製品を作ることもひじょうに簡単になります。

第二の利点は、その博物館に実際に足を運ばなくても、知的遺産にアクセスできるという点です。

今でもルーブル美術館などでは、展示している作品をホームページで見られるようにしているのですが、インターネットのデータ転送能力が向上すれば、単に絵を画面上で見るだけでなく、実際にルーブル美術館の中を歩いているかのように展示室を移動したり、また彫刻も前からだけではなく、後ろに回ったり、あるいは近寄って見るといったことが、ネットを通じて疑似体験できるようになるでしょう。言うなれば「バーチャル・ミュージアム」(仮想美術館)です。

私の研究室が試みとして行なった仕事の1つに、コンピュータの中に法隆寺(ほうりゅうじ)の金堂(こんどう)をそっくり再現し、その中にある壁画を仮想体験できるというものがあります。単に壁画を眺めるだけではなく、近寄れば細部までが見えるというものです。これは実際に法隆寺に行くよりも、ずっと壁画がよく観察で

2001年武田賞を受賞した坂村氏（上）と同時受賞のR.ストールマン、L.トーバルズ（左端）

きます。

バーチャル・ミュージアムは、何も本物の美術館や寺を再現するだけのものではありません。実際には存在しない、ネット上の美術館を作ることもできます。たとえば「建築史美術館」といって、ギリシャのパルテノンやローマのコロシアム、また奈良の東大寺(とうだいじ)が次々と〝展示〟され、建築の歴史が追体験できるというものだって可能です。

「知識共有の時代」が
始まる

デジタル・ミュージアムのアイデアには、今、存在している博物館や美術館をもっと使いやすいものにすることも含まれます。

バーチャル・ミュージアムもたしかに便利なのですが、やはり本物を見るに越したことはありません。しかし、今の博物館や美術館はどちらかと言えば、単に文化財や美術品が並べられているだけで、それを上手に解説するところまでは手が回っていません。

そこで「どこでもコンピュータ」を応用すれば、鑑賞者が近づくと美術品に付属しているコンピュータがそれを感知し、その見所(みどころ)を鑑賞者が持っている携帯端末を通じて教えてくれるということも可能になります。これは東大の博物館ですでに実験が行なわれています。

美術館に来る人は国籍もさまざまですから、もちろん説明もその人が分かる言葉でなければなりません。しかし、そういったことはコンピュータなら朝飯前(あさめしまえ)です。また、子ども用、

大人用、外国人向けの説明、さらに目の不自由な人への音声ガイドと変えることもできます。従来の博物館では、そこまでのフォローはとうていできなかったのですが、デジタル・ミュージアムなら、こんなことが可能になるわけです。

もちろん、こうしたデジタル・ミュージアムの完全な実現はこれからの課題なのですが、すでにインターネットでは、さまざまなミュージアムに触れることができます。

たとえば、本物の博物館としてはアメリカのスミソニアン博物館、大英博物館、ルーブル美術館などはホームページを作っています。

また、コンピュータ上だけで存在している美術館や博物館もすでにあって、ユニークなものがたくさんあります。本書の第2章で触れた「アメリカン・メモリー」とか「プロジェクト・グーテンベルク」も、バーチャル・ミュージアム（仮想美術館）の一種と言っていいでしょう。

また、変わったところでは「ビジブル・ヒューマン・プロジェクト」といって、頭のてっぺんから足の先まで、人体の内部をすべて輪切りの画像として見ることができるものもあります。これはもともと医学研究のために始まったものですが、普通の人が見ても興味深いというので、インターネットで公開されることになったというものです。

人類の知識や文化遺産をデジタル化し、コンピュータに入れようという試みはようやく始まったばかりですが、これは今後、一層進んでいくでしょう。本当の意味で、人類が知識を共有する時代がようやく始まりつつあるのです。

コンピュータの未来は
あなたが決める

　これからの時代は、コンピュータそのものの技術開発よりも、コンピュータをどのように利用していくかがとても大事になってきます。CALSを使って、企業のあり方を考え直すというのもその1つですし、また「どこでもコンピュータ」やデジタル・ミュージアムの実現もその1つというわけです。

　さて、そのような時代になったとき、コンピュータやネットワークを使うみなさんひとりひとりにとって、最も大事になってくるのは何なのでしょうか。

　その答えは、「どんな情報を発信するか」ということではないかというのが、私の考えです。

　インターネットによって、私たちはすでに情報を自由にやりとりできる環境にいます。そして、コンピュータはどんどん使いやすくなり、便利になっていきます。

　そうした時代になれば「キーボードが速く打てる」とか「ホームページが作れる」とか「ウインドウズの裏技を知っている」ということは、全然、自慢になりません。小手先のわざや知識では他人と差が付けられない時代になるのです。そうなったとき問われるのが、「コンピュータ・ネットワークで何を伝えたいのか、何がしたいのか」ということだと思います。

　コンピュータやネットワークは「孤立から共同へ」を実現するために生まれた技術です。

　ネットは情報を単に検索したりするだけのものではなく、

そこに参加しているみんながそれぞれ情報を発信し、共同で何かを行なうために作られたものだし、そうやって使われてこそ、はじめてネットワークはパワーを発揮できるようになっているのです。受け身ではなく、積極的に情報を発信することがコンピュータ・ネットワークの時代に求められているのではないかと思います。

しかし「情報を発信する」といっても、むずかしく考える必要はありません。あなたが心の底からやりたいことは何かを考えていけば、答えは見えてくると思います。それは趣味であってもいいし、「こういう仕事をしたい」ということでもいい。またビジネスで一攫千金をしたいというのでもかまいません。実はそれこそが、あなたの発信すべき「情報」なのです。

コンピュータは、そうしたあなたの情熱を手助けするための道具です。といっても、コンピュータがあれば、あなたひとりで夢が実現できるというものではありません。そのためには、あなたの夢や情熱に共鳴してくれる仲間や友人が必要です。その仲間や友だちとあなたをつなぐ架け橋として、インターネットはきっと役に立ってくれると思います。

これからコンピュータがどのように進歩していくのか、そしてインターネットがどのように発展していくのか——それを決めるのは私のような研究者でもないし、メーカーでもありません。これからのコンピュータ技術は、それを使うあなた方ひとりひとりの夢、そして情熱が発達させていくものなのです。

すでに述べたとおり、コンピュータやインターネットは、けっして完成された技術ではありません。すでに見てきたように、まだまだいろんな欠陥を持っています。また、使いよ

うによっては、社会に悪い影響を与えてしまう可能性も大いにあります。コンピュータ技術が人間を幸せにするのか、それとも不幸にするのか、それもまた、コンピュータを利用する、みなさんにかかっています。

　コンピュータの明日は、みなさんの手に委(ゆだ)ねられている——そのことをこの章の、そして本書の結びにしたいと思います。

文庫版あとがき

　本書の単行本が集英社インターナショナルから出版されて、はや2年半になる。

　コンピュータの世界での2年半といえば、「ひと昔」の話に属する。

　犬が人間の7倍の速さで年を取ることにたとえて、物事の進展が速いことを「ドッグ・イヤー」と言う。コンピュータの世界はまさにドッグ・イヤー、いや、下手をするとマウス・イヤー（ネズミは人間の10倍〜20倍で年を取る！）で変化が起きている。

　実際、本書の単行本が出た1999年といえば、ＮＴＴドコモのｉモードサービスが始まったばかりで、その名前すら知らない人のほうが多かった。また、森喜朗内閣が「ＩＴ革命」を提唱し、いわゆるＩＴバブルが始まったのもこの直後だった。

　さて、それから2年経った今はどうだろう。

　ｉモードは爆発的な勢いで普及し、ＮＴＴドコモだけで3000万人が携帯電話からインターネットにアクセスするようになった。一方、鳴り物入りで始まったＩＴバブルのほうはあっと言う間に膨らんだが、はじけるのも速かった。まさに

世はドッグ・イヤーだ。
　一事が万事、こんな具合なのだから、コンピュータ関連書籍の「寿命」は恐ろしく短い。2年前に出たアプリケーション・ソフトやハードの解説書を読み返そうと思う人はいまい。
　ところが今回、本書を文庫に収めるにあたって改めて読み返してみたところ、ごくわずかの修正をのぞき、内容を書き換える必要を感じなかった。最初からそれを意図して作ったとはいえ、これは著者として誇りに思うところだ。我田引水に聞こえるかもしれないが、本書の内容は少なくとも、もう10年経っても通用すると信じている。
　なぜ、そのようなことを自信を持って書けるかといえば、本書が扱っているのが「サイエンス」であるからだ。つまり、単なるテクノロジーの流行や変化を追うのではなく、本書は現代の情報化社会を支えている基本的な思想や理論に焦点を当てている。
　したがって、現在の「フォン・ノイマン型」（108ページ参照）が使われつづけるかぎり、どんなにコンピュータの性能が向上し、使用形態が変化しても、本書で述べたことの重要性は変わらない。いや、逆にコンピュータの「ユビキタス」化（347ページ）が進展していき、コンピュータがさらに身近になればなるほど、基礎的・本質的な知識はますます重要性を増すだろう。
　幸いなことに日本の高校でも2003年度から「情報処理」が正課とされることになった。そこで教えられる内容は、本書が扱っているテーマとかなり重複する。キーボードを打てることも大事だが、しっかりと情報処理の基礎を学んだ若者たちが増えてくれることは、日本の将来にとって何より重要なことではないだろうか。その意味で、文庫版になった

本書がますます多くの人に読まれることを祈ってやまない。

　ところで、先ほど私は「本書の内容に基本的な修正はない」と書いたわけだが、単行本出版後、大きく変わったことが一つだけある。それは私がプロジェクト・リーダーを務めているTRONをめぐる状況である。

　本書の中で記しているとおり、TRONプロジェクトの開始は1984年。以来、20年近い歳月が経つわけだが、ここに来て急速に世界的にTRONへの注目が集まってきた。

　といっても、それはTRONそのものが変わったせいではない。時代がようやくTRONに追いついてきた……正直、私はそんな感慨を抱いている。

　私事にわたって恐縮だが、私は昨2001年に、武田賞（武田計測先端知財団）を受賞した。同時受賞者はフリー・ソフトウェアの概念を提唱したリチャード・M・ストールマン氏、Linux開発者のリーナス・トーバルズ氏である。（写真 p.359）

　私を含めた、この３人の顔ぶれに共通するのは「オープン」というキーワードである。

　ストールマンのGNUプロジェクトも、トーバルズのLinuxも、そして私のTRONも、プログラムの仕様や中身を積極的に公開している。

　この「オープン・ソース」の姿勢が近年になって一層、評価されるようになった大きな理由の一つは、これまで行なわれてきたコンピュータのビジネス・モデルに対する反省にある。

　その代表的な例が、ビル・ゲイツ率いるマイクロソフトだ。

　ご承知のとおり、マイクロソフトのOS「ウインドウズ」は、パソコン分野で圧倒的なシェアを誇っているわけだが、

同社はウインドウズのコードはおろか、文書データの構造やＯＳの仕様を公開していない。もちろん、自社製品の圧倒的優位を守るためだ。
　こうしたマイクロソフトの論理は、これまで「当たり前のこと」とされてきた。営利企業である以上、企業秘密を守るのは当然のこととされてきたのである。
　だが、ここに来て「はたして、それを当たり前としていいだろうか」という反省があちこちで生まれてきた。「ブラックボックスのＯＳなんて、ボンネットを開けてエンジンに触ることが許されない車みたいじゃないか」とみんなが考えるようになったのは、ごく自然のことだろう。
　ＴＲＯＮが今や、全世界の組み込みＯＳの中でナンバー１のシェアを持つようになったのは、その処理のリアルタイム性も大きいわけだが、何より「オープンである」ということが世界の技術者から評価されたからだろう。誰もレディメイドの「ブラックボックス」を使わされたくないのだ。
　マスコミは「ＩＴバブルもついに弾けた」と騒いでいる。
　たしかにＩＴ産業の株価は今や、見る影もなく下がっているが、次世代への胎動はすでに始まっている。その大きな流れの一つが「オープン化」なのである。
　本書の読者にはぜひ、世の中に氾濫する情報に流されず、自分の目で観察し、自分の頭で考える習慣を持っていただきたいと思う。本書がその一助になれば、著者としてこれほどの喜びはない。

2002年2月
坂村　健

語 注

〔第1章〕

P18 **CD-ROM** 音楽を聴くためのCDと基本技術は一緒。音楽のデータの代わりに、コンピュータのプログラムやデータが書き込まれている。それを読み出すのにレーザー光線が用いられているのである。ウン10年前、レーザー光線といえば「未来の科学技術」の代表選手で、男の子は胸ときめかせたものだった。ところが実用化されてみれば、こんなもの。なんか悲しい。

P22 **だから間違ってしまう** だから間違ってしまうといっても、ちょっと高級な電卓や、コンピュータの電卓ソフトの中には、1÷3×3＝1という正しい答えが出てくるものがある。意地の悪いユーザーから「お前の作った電卓、インチキじゃん」という文句がたくさん来たおかげで、こうした「初歩的な間違い」を回避するようなプログラムがしこまれたということだろう。ユーザーの声は神の声。でも、分数計算ができるから、全面的に信用できるというものでもない。ご用心、ご用心。

P28 **液晶** 液晶は、液体でありながら、固体である結晶の性格を持つ物質のこと。この液晶に電圧をかけると分子の配列が変わり、文字や絵を表示することができる。この液晶は長い間、忘れられた存在だったが、日本のメーカーが電卓の表示装置に用いたことから、幅広く利用されるようになった。

P36 **ゴア副大統領** つい口をすべらせ、「インターネットは俺が作った」というホラを言ったことで評判を落としたものの、インターネットの振興にこの人が大きな役割を果たしたのは事実。しかし、なんですぐにばれる、あんなウソを言っちゃったのだろう？

P44 **TRONというプロジェクト** TRONとは「ザ・リアルタイム・オペレーティング・システム・ニュークリアス The Realtime Operating system Nucleus」の略。ディズニーが1981年に公開したCG映画「トロン」とは関係ない。まったく新しいコンピュータの体系を研究し、コンピュータの力を最大限に活用した

「電脳社会」を実現しようというプロジェクト。詳しくは第10章参照。

〔第2章〕

P52 **MIT** 日本とは違って、アメリカの名門大学はたいてい私学。MITも例外ではない。アメリカのコンピュータ学では、ここMITとカーネギー・メロン大学、そしてスタンフォード大学が御三家。これらの大学と同じレベルの大学は日本に（ある／ない）。正しいほうに○を付けよ。

P57 **第3の要素** シャノンは物理学には情報の概念がないと指摘したわけだが、今では物理学でも情報を重視するようになった。一例を挙げると、情報の観点を導入しなければ、生命現象の説明が付かないのである。

P58 **RAM** 羊の肉はLamb。RAMとは、書き換え自由のメモリ（記憶装置）のこと。普通、電源を切ると記憶した内容が失われる。これに対して、電源を切っても内容を保持できるメモリのことをROM（リード・オンリー・メモリ）という。

P58 **CPU** コンピュータの頭脳と言われることもあれば、心臓部と言われることもあるが、よく考えてみたら頭脳と心臓では、だいぶ違う。コンピュータの情報処理や計算処理を行なうパーツという意味では頭脳だが、最近のパソコンでは簡単に交換することもできるので、「移植可能」という点では心臓に近い？

P62 **モールス** Samuel Finley Breese Morse（1791-1872）。アメリカの画家、技術者。もともとは画家だったが、電気通信に興味を持ち、1837年、電信機とモールス符号を発明。日本人はモールスと言っているが、「モース」と発音するのが正しい。デジタル通信の普及で、モールス符号も1999年1月末に海上での通信標準から引退。救難信号のSOSも、過去のものになってしまった。

P68 **MD** ミニ・ディスクの略。レーザー光線を使って、デジタル情報を読み書きする。主として音楽の録音・再生に使われているが、CDより音質はやや落ちる。

P71 **これで十分** と言われてきたが、音楽マニアから「CDの音が物

足りないのは、22KHz以上の音をカットしているからではないか」という声が根強かった。そこで最近、100KHz超の音まで録音可能な「スーパー・オーディオCD」が発売された。と書くと、欲しくなる人もいるだろうが、スーパー・オーディオCDを聴くには超音波帯も再生できる高性能スピーカーも不可欠。とてもお金がかかる。

P87 **プロジェクト・グーテンベルク** 純然たるボランティアのプロジェクト。こういうことがボランティアで行なわれているところに、くやしいがアメリカのよさがある。http://www.gutenberg.net ちなみに、このプロジェクトに刺激されて日本の名作を集めた「青空文庫」という草の根運動が行なわれている（http://www.aozora.gr.jp/）。

P87 **Ｌｏｖｅ** 数え方によって答えは違ってくるが、全部で159個。lover、lovelyなどの派生語を含めると175個。大文豪の作品に文句を付けるつもりはないが、これじゃあちょっと愛の大安売りでは？

P87 **アメリカン・メモリー** 米連邦議会の図書館が主宰で、民間企業や財団がスポンサーになって運営されている。http://memory.loc.gov/

P88 **最も早く、確実な手段** 早さだけを優先するのであれば、古代から使われていた「のろし」などのほうがいい。でも、のろしでは複雑な情報は伝えられないし、第一、前もって見晴らしのいい場所を確保しておく必要がある。また気象にも左右されるので、結局、人間が動くしかない。

〔第3章〕

P94 **パスカル** ブレーズ・パスカル Blaise Pascal（1623-62）はフランス人。哲学者として有名だが、数学の専門家でもあった。彼が18歳のとき（！）計算機「パスカリーヌ」を発明したのは、税務署に勤めていた父の仕事を助けるためだったと言われている。「考える葦」は親孝行な子どもだったのである。

P94 **ライプニッツ** ドイツの数学者・哲学者のゴットフリート・ライプニッツ Gottfried Wilhelm Leibniz（1646-1716）は微積分法

をニュートンと同時期に創案したことでも有名。彼が作った計算機は平方根の計算までもこなせた。

P96 **完成しませんでした** チャールズ・バベッジ Charles Babbage（1791-1871）の「見果てぬ夢」を手助けしたのが、詩人バイロンの娘であったエイタ・ラブレス公爵夫人であった。このラブレス夫人とバベッジは共同して「競馬必勝プログラム」を作ったと言われているが、後年、ラブレス夫人はギャンブルが元の借金でわびしい晩年を迎えた。教訓──世の中には楽して儲ける話など存在しない。

P104 **アラン・チューリング** チューリング Alan Mathison Turing（1912-54）は、イギリス人。1937年、シンプルな構造でありながら、さまざまな計算をする「チューリング・マシン」の理論的可能性を予言した。また、彼は同時に「そのような万能計算機を用いても解けない問題がかならず存在する」ことも証明している。

P104 **コンラート・ツーゼ** ツーゼ Konrad Zuse（1910-95）は1941年、2進法で動く電気計算機「Z3」を開発。Z3はアメリカのハーバードMARK-I以前に作られたものであり、しかもプログラム可能であった。だが、ナチスはこの「万能計算機械」の価値を理解できず、航空機の翼面計算などに使っただけで終わった。

P104 **ジョン・V・アタナソフ** John Vincent Atanasoff（1903-95）。アイオワ州立大学で数学・物理学の助教授だったアタナソフは、1939年に計算機「ＡＢＣ」（アタナソフ・ベリー・コンピュータ）を開発。しかし第2次世界大戦勃発でアタナソフは海軍の音響研究の担当となり、コンピュータ研究からは離れざるをえなかった。

P106 **自殺したと伝えられています** 情況証拠からすれば、チューリングが自殺したのはほぼ間違いない。でも、彼のお母さんは「息子は絶対に自殺するような子じゃありません」と主張しつづけて亡くなった。このお母さんの主張に敬意を払い、ここでは「伝えられている」とした。

P108 **由来** 実は、この論文が本当にフォン・ノイマンの独創によるものかは疑わしい。というのも……詳しくは第5章を待て！

〔第4章〕
P120 **計算回路** このように電圧と数値とを関連づけて作ったコンピュータも実は存在する。このようなコンピュータのことを「アナログ・コンピュータ」という。第2次世界大戦では、艦砲射撃の計算などでアナログ・コンピュータが使われた。

P121 **ジョージ・ブール** ブール George Boole は1815年、イギリスのリンカーンに生まれた。彼の生家は貧しかったので、ブールは独学で数学を学んだ。とても真面目な人だったようで、彼が1864年、49歳で早世したのは、雨のためにずぶぬれになったにもかかわらず、講義を続けたからだという。見習わなくては……たくないな〜。

P121 **アリストテレス** Aristoteles（前384 – 前322）。古代ギリシャの偉大なる哲学者。アリストテレスの思想を端的に言えば、「すべての事物はそれを内的に規定する形相と、素材をなす質料の結合であり、事物の生成変化は形相実現の可能態としての（以下略）」。おわかりいただけたでしょうか。

P125 **Cからは何も出てこない** 「電流が流れる状態を1、流れない状態を0とする」と書いたが、その回路に電流が流れていないという判定は、むずかしい。なぜなら、今は流れてなくとも、これから流れてくるかもしれないからだ。そこで論理回路の場合、一定の時間を区切り、その間に電気が流れてこなければ0と見なすというルールを設けるのである。

P128 **すべて** 論理回路はAND、OR、NOTの3種類で作られると書いたが、ANDとNOTを組み合わせればOR回路が作れ、ORとNOTを組み合わせれば、AND回路が作れる。だから、厳密にいえば2種類でも十分なのである。

P136 **同じ回路** ここで紹介したのは、専門的に言うと「半加算機」と言う。実際の足し算では、半加算機とともに、繰り上がり計算を扱う「全加算機」も必要になる。コンピュータの中には、半加算機と全加算機の回路が作られている。

P145 **LED発光ダイオード** 最近の電化製品に付いている小さな「ランプ」は、みなLEDである。従来は、赤、橙、黄、緑が中心だったが、近年、青色ダイオードも開発され、光の3原色がそろった。

〔第5章〕
P158 **少なくなりました** BASICというプログラム言語そのものは、まだ使われている。商品名でいえば、Visual BasicとかREALbasicといったものが、それだ。しかし、これらはみなコンパイラであって、昔のBASICほど気軽に使えるものではない。

P161 **レジスタとキャッシュ** というと「おい、今日の払いは割り勘だからな」という風景を連想しがちだが、レジスタregisterとは「一時記憶装置」のことで、キャッシュcacheは元来「隠し場所」の意。現金のcashとはスペルが違う。

〔第6章〕
P190 **スタンリー・キューブリック** Stanley Kubrick (1928-99)。アメリカの映画監督。キューブリックを「クーブリック」と発音するのが通なのだそうだ。1999年、「アイス・ワイド・シャット」の公開を待たずに死去したことは記憶に新しい。

P190 **アーサー・C・クラーク** Arthur Charles Clarke (1917-)。イギリスの作家。代表作として『幼年期の終わり』『宇宙のランデヴー』など。1981年に書かれた『2010年宇宙の旅』の原稿データはスリランカにある彼の自宅から衛星回線を通じて出版社に送られたという話を最初に聞いたときには、「さすが」と思ったものだが、今では当たり前のことになってしまった。

P193 **実在のIBMを使わず** その最大の理由は、この映画を作るにあたってIBMの技術協力があったからだと言われている。人に危害を与えるコンピュータがIBM製ではさすがにぐあいが悪かったのだろう。

P197 **社内規定** かつてのIBMは日本の企業に近い社風があった。終身雇用制を導入していたし、家族的経営が売り物であった。「やっぱり日本的経営が一番なんですよ」などと日本の経営評論家は言っていたものだが、それも今や昔話になってしまった。

P204 **独特の円柱形** CRAYの円柱を取り囲むように、ソファがしつらえられていたのだが、この中には回路を冷やすための装置が入れられていた。このソファのことを、クレイ社の人々は

「世界で一番高価な椅子」と呼んでいた。

P204 **DEC** DECはコンピュータ業界の中でも存在感のある会社だったが、今はない。パソコンのコンパック社に吸収合併されてしまったのである。嗚呼！

P204 **計算機室** 計算機室には、過熱するコンピュータを冷やすため、空調装置も必需品だった。クーラーのないオフィスで社員が汗だくで働いている時代でも、コンピュータさまの部屋はギンギンに冷えていたものだ。

P205 **3人** 離ればなれになったENIACの3人組とは違い、ショックレー、バーディン、ブラッテンたちは揃ってノーベル物理学賞を1956年に受けた。

P208 **キルビーとノイス** 1958年、テキサス・インスツルメント社のキルビーと、フェアチャイルド社のノイスは、ほとんど同時期に集積回路を発明、特許を出願した。「ICの発明者」という称号をめぐる争いが裁判所で行なわれ、法廷はノイスに軍配を上げた。だが、その後両者は和解し、クロスライセンス契約を結ぶことで共同特許を持つことになった。ジャック・キルビーはICの発明で2000年のノーベル物理学賞を受賞したが、ロバート・ノイスも生きていたら、たぶん受賞していただろう。

P210 **写真技術** 光を使って回路を作る場合、問題になるのは光の波長である。波長が短ければ短いほど解像度がよくなり、細かい加工ができる。そこで今では、可視光よりももっと波長の短いg線、i線、エキシマ・レーザーといった光源が使われている。

P210 **LSI、VLSI** LSIはLarge Scale Integrated circuit、VLSIはVery Large Scale Integrated circuitの略。それより集積度の高いものをULSI（ウルトラLSI）、さらにその上をGSI（ギガ・スケール集積回路）と呼ぶこともある。こんな単語を覚えていても、あんまり役には立たない。

P212 **電卓戦争** この激しい戦いはいわば「勝者なき戦争」だったが、この結果、日本の電子産業はテイク・オフする。そのようすをもっと詳しく知りたい人は、日本放送出版協会の『電子立国日本の自叙伝』が参考になる。

P213 **インテル** ICの共同発明者ロバート・ノイスが作ったベンチャー企業。ノイスは最初、トランジスタの発明者ショックレー

のベンチャー企業で働いていたが、ショックレーを見限って仲間たちとフェアチャイルド社を設立。しかし、それでも飽きたらず、インテルを興したのである。

P214 **テッド・ホフ** Ted Hoff, 本名Marcian Edward Hoff (1937–)。テッド・ホフは1968年9月、インテル社に応用研究部長として迎えられた。インテル社12番目の従業員。彼と嶋正利の作った4004は、ＥＮＩＡＣに匹敵するパワーを持っていた。

P214 **嶋正利** 1943年生まれ。東北大学理学部化学科卒。1972年にインテル社入社、その後、ザイログ社に移って、マイクロプロセッサZ80の開発にたずさわる。1986年、ブイ・エム・テクノロジーを創立、現在、同社会長。

P215 **2人のスティーブ** アップルを成功させた2人は、その後、別々の道を歩む。ジョブズは1985年、経営責任を問われてアップル社から「追放」。ところが1996年、ふたたび同社に復帰し、経営建て直しに乗りだして「iMac（アイマック）」を発売、注目を浴びる。波乱の人生である。一方、ウォズニアックもジョブズと同時期にアップルを退社し、今は教育関係のボランティア運動に励み、悠々自適の生活。

〔第7章〕

P223 **Linux** Linuxと言うと、かならず話題になるのがその読み方。大ざっぱにいえば、「リナックス」「ライナックス」「リヌックス」の3説がある。本書ではリナックスを採用した。

P226 **レミントン** レミントン商会と聞いて「えっ？」と思った人はガン・マニア。タイプライターを作ったレミントンは、ライフルで有名なレミントンと同じ会社。銃器の会社が新規事業としてタイプ製造を始め、成功したのである。

P232 **フロッピー・ディスク** 円盤状の薄い磁気メディア。これが普及する前は、記録装置としてカセットテープが使われた時代があった。パソコンにテープレコーダーをつないで、データを「録音」していたなどと言っても、いまどきの人には信じてもらえないかもしれない。

P232 **MS-DOSを開発** というと聞こえがいいが、実際にはCP／Mの

「まがいもの」を作っていた会社を買収し、それにMS-DOSという名前を付けたのである。だから初代MS-DOSはCP／Mそっくり。

P233 **アイコン**　もともとはギリシャ語から来た単語で、シンボルといった意味。ロシア正教などの聖母像を「イコン」というが、これも同語源。アイコンはコンピュータを使いやすくするために発案されたものだが、あまり濫用すると、かえって何がなんだかわからなくなる。過ぎたるは及ばざるがごとし。

P237 **高等研究計画局**　英語名Advanced Research Projects Agency。現在は改称してDARPA。

P238 **ダグ・エンゲルバート**　第2次世界大戦中、フィリピン戦線でレーダー技術者として働いていたエンゲルバートは帰国後、コンピュータの研究者となり、GUIという革新的なアイデアにたどりついた。現在、彼はマウス・メーカーとして知られるロジテック社の顧問である。

P240 **アラン・ケイ**　アラン・ケイは「パーソナル・コンピュータの予言者」としても知られている。ALTO開発のずっと前、ユタ大学の大学院在学中に「ダイナブック」というコンセプトを発表し、「持ち歩けるコンピュータ」の登場を予言しているのである。東芝のノートブック・パソコン「ダイナブック」は、このアラン・ケイの用語を借用したもの。

P240 **考えた**　そこで当初、ジョブズは「リサLisa」というマシン開発に取り組んだ。ところが、アップルの内紛でリサ・プロジェクトからジョブズは外されてしまう。怒り心頭に発したジョブズは別部門が手なぐさみ的にやっていた「マッキントッシュ」プロジェクトに起死回生をかけた。その結果は、あらためて書くまでもない。高価すぎたリサは売れず、マックがアップルを救ったのである。ジョブズは昔から波瀾万丈の人なのであった。

P245 **近年のGUI-OS**　初期のマックもウインドウズもマルチ・タスクではなかった。マルチ・タスクを実現するにはパソコンのパワーも足りなかった。最新のウインドウズやマックは完全にマルチ・タスクになったが、ちょっと前まではそうではなかった。だからコンピュータ・オタクたちに言わせれば「マルチ・タスクは、やっぱUNIXだよなあ」ということになる。

- P248 **リーナス・トーバルズ** Linus B. Torvalds (1969–)。フィンランドのヘルシンキ大学在学中にLinuxを開発。現在はカリフォルニア州サンタクララに住む。1999年、ヘルシンキ大学から名誉博士号を与えられる。29歳の名誉博士号授与は同大学始まって以来とのこと。
- P253 **反トラスト** 1998年5月に米司法省はウインドウズOSの独占力を利用してインターネット・ブラウザソフトの勢力拡大をしたとして反トラスト法違反容疑でマイクロソフトを提訴し、同時に18の州とワシントンD.C.の司法当局も、やはりOSの独占力を利用してオフィス用ソフトの市場拡大を図ったと提訴した。2000年6月にはワシントン連邦地裁でマイクロソフト社をOSと応用ソフトの2社に分割するという案を含む厳しい是正命令が出されたこともあった。だが、是正命令は2001年6月28日に控訴審で無効とされ、連邦地裁に差し戻され2001年の11月2日、マイクロソフトと米司法省は和解にこぎつけた。同時多発テロの後遺症で、米国経済が低迷していることも考慮に入れられたのだろう。ただ、同時に提訴していた州当局のうちワシントンD.C.と9州は和解案が不十分として、裁判を継続している。司法省が和解しているのに、地方当局が認めないというのは、見上げたものである。

〔第8章〕

- P258 **ストーリーがよくあった** と書いたが、よく考えてみれば、今でもそういう設定の映画やコミックはたくさん作られている。キアヌ・リーブス主演の「マトリックス」も、しかり。やっぱり「強大な敵」がいないと、エンターテインメントになりにくい？
- P264 **デジタル情報通信** インターネットのための高速通信手段は、この他にもいろいろある。ＣＡＴＶ（ケーブル・テレビ）の回線を使用したものや、通信衛星を利用するものなど、さまざまなサービスが提供されている。また光ファイバーを使った専用線も、カネさえ出せば個人でも利用できる。いい時代になったもんだ。

語注 379

- P266 **スプートニク** 世界最初の人工衛星といっても、その直径はわずか58㎝、重量は83.6kgしかなかった。アメリカはそれから4ヶ月後、エクスプローラーの打ち上げに成功するのだが、その3年後、ソ連は初の有人衛星を発射し、ふたたびアメリカ人を愕然とさせた。
- P267 **核の恐怖** 「核の脅威」からインターネットができたのは事実だが、軍の予算がほしかったコンピュータ研究者たちが実態以上に軍の危機感をあおり立てたという面もかなりある。ほんと、学者というのはロクでもない連中なのである。
- P271 **ノード** 英語では「node」。節という意味。
- P276 **ken@sakamura.ne.jp** もちろん、このアドレスは架空です。
- P283 **ティム・バーナーズ＝リー** Tim Berners-Lee (1955-)。ロンドン生まれ。イギリスでコンピュータ関係の仕事をしていたところ、ＣＥＲＮにソフトウェア技術のコンサルタントとして招かれる。現在はＭＩＴのＷＷＷコンソーシアムの責任者として、ＷＷＷ技術のスタンダード作りに力を注いでいる。
- P284 **ハイパー・テキスト** ハイパー・テキストの概念を最初に考え出したのは、テッド・ネルソンというアメリカ人。ネルソンは学者・技術者というより、むしろ思想家というべき人物で、変人の多いコンピュータ界でも飛び抜けて変わった人である。だが、彼のパーソナル・コンピュータに関する「予言」は、その後、かなり実現している。ネルソンは最近まで慶応大学環境情報学部の客員教授も務めた。

〔第9章〕
- P292 **ジェダイの騎士** 銀河共和国を守る騎士の集団。フォースの力を持ち、ライトセーバーを操る人々。このジェダイからドロップ・アウトし、悪の道に入った騎士のことを「シス」と呼ぶ。
- P297 **テープワーム** コンピュータ・ネットワークの中をはいまわり、自己増殖するプログラムのアイデアを最初に考えたのは、イギリスのＳＦ作家ジョン・ブラナー。彼の小説『衝撃波を乗り切れ』（安田均訳・集英社刊）の中に登場する。
- P298 **ワームは働きません** ところがその後、メールを開いただけで

感染する新種ワームが見つかった。といっても、このワームが悪さをするのはマイクロソフト社製のメール・ソフトを使った場合に限られる。同社のソフトに搭載されている独自機能を利用して、このワームは繁殖する。他のソフトならワームは働かない。

P299 **自然淘汰** 自然淘汰や適者生存という訳語は今では使われなくなった。淘汰と言うと、優れた種が勝ち、劣った種が滅びるというイメージがあるからだ。進化研究が進んだ結果、いまでは自然が単純な適者生存で動いているのではなく、むしろ多様性を維持しようとしていることが分かってきた。

P302 **暗号化ソフト** メールを暗号化すると、かえって「何かを隠しているんじゃないか」と疑われ、痛くもない腹を探られる可能性もあるから、この世はやっかいである。暗号化したメールで不倫相手と連絡すれば配偶者にバレないと思うのは、少し浅はかというもの。

P311 **8ビット** 第3章でも述べたが、8ビットのことを1バイトと呼ぶのが一般的。もっとプロっぽく見せたかったら、「オクテット」という言葉を使おう。

P316 **BTRON** 現在、IBM互換機で動くBTRONがパーソナル・メディアから発売されている。http://www.personal-media.co.jp/電話03-5702-7858

P319 **分かりません** と思っていたら、その後、日本の側から「私がTRONをつぶしたのだ」と自慢する人が現われたので驚いた。国産にこだわるのは「時代遅れ」なのだとか。やれやれ。

〔第10章〕

P327 **ハイゼンベルク** Werner Karl Heisenberg (1901-76)。ドイツの理論物理学者。高等中学時代、独学で数学、物理学を学ぶ。大学入学後、わずか3年で博士号を取得。「不確定性原理」を発見したのは26歳のとき。「量子物理学の祖」は、おそるべき早熟の天才であった。

P328 **ジョセフソン素子** 1962年イギリスのジョセフソンBrian David Josephson (1940-) によって論理的に予言され、1963年に米ベ

ル研究所で実証されたスイッチング素子。トンネル効果と呼ばれる物理現象を利用し、従来の10倍以上のスイッチング速度を実現。だが、極低温でないと動作しないのが悩みの種。

P331 **ディープ・ブルー** ディープ・ブルーとは「深い青」という意味の単語だが、この名前はその前身である「ディープ・ソート」と、ＩＢＭのコーポレイト・カラー「ブルー」とを組み合わせたもの。ディープ・ソートはカーネギー・メロン大学の大学院生チームによって開発されたチェス・コンピュータ。

P335 **マービン・ミンスキー** Marvin Minsky (1927-)。アメリカの数学者。ミンスキーが情報理論のシャノン（第２章）らとダートマス会議を開いた瞬間から、人工知能研究の歴史は始まった。この人なくして人工知能は語れない。口の悪い人に言わせれば「人工知能教の教祖」という話になるのだが……。

P345 **世界一の規模** アメリカ軍の全人員はおよそ137万人。これに加えて民間人70万人を雇用している。ちなみにわが国自衛隊の人員は総勢26万人である。

P345 **言われている** 実はこの話には、いろんなバリエーションがある。「Ｂ１爆撃機のマニュアルは飛行機自身より重かった」「空母カール・ビンソンの整備マニュアルをCD-ROM化したら、船体が５㎝浮き上がった」などなど。こういうエピソードは話半分で聞いておくのが大人というもの。

P357 **東京大学総合研究博物館** 東京・文京区の東大本郷キャンパスにある。もちろん入場無料。http://www.um.u-tokyo.ac.jp/
不定期公開なのでテレホンサービス03-5841-8452で、開館日を確認してください。

P361 **ビジブル・ヒューマン・プロジェクト** 心臓の弱い方は見ないほうがいいかも。http://www.nlm.nih.gov/research/visible/visible_human.html

この作品は1999年11月
(株)集英社インターナショナルより
刊行されました。

Ⓢ 集英社文庫

痛快！コンピュータ学

2002年3月25日　第1刷
2024年10月16日　第13刷

定価はカバーに表示してあります。

著 者	坂村　健
発行者	樋口尚也
発行所	株式会社　集英社

東京都千代田区一ツ橋2-5-10　〒101-8050
電話　【編集部】03-3230-6095
　　　【読者係】03-3230-6080
　　　【販売部】03-3230-6393（書店専用）

印　刷　TOPPAN株式会社
製　本　TOPPAN株式会社

フォーマットデザイン　アリヤマデザインストア　　マークデザイン　居山浩二

本書の一部あるいは全部を無断で複写・複製することは、法律で認められた場合を除き、著作権の侵害となります。また、業者など、読者本人以外による本書のデジタル化は、いかなる場合でも一切認められませんのでご注意下さい。

造本には十分注意しておりますが、印刷・製本など製造上の不備がありましたら、お手数ですが小社「読者係」までご連絡下さい。古書店、フリマアプリ、オークションサイト等で入手されたものは対応いたしかねますのでご了承下さい。

© Ken Sakamura 2002　Printed in Japan
ISBN978-4-08-747428-2 C0195